新型

New Non-halogen Flame
Retardant Rigid Polyurethane
Foam Materials

无卤阻燃硬质聚氨酯泡沫材料

钱立军 陈雅君 奚望 等著

化学工业出版社

·北京·

内 容 提 要

本书共包括六章内容，分别介绍了阻燃聚氨酯材料的发展、二元组分阻燃硬质聚氨酯泡沫体系、三元组分阻燃硬质聚氨酯泡沫体系、四元组分阻燃硬质聚氨酯泡沫体系、聚氨酯表面涂覆技术以及非石墨阻燃硬质聚氨酯泡沫体系。系统介绍了高性能无卤阻燃硬质聚氨酯泡沫材料的阻燃行为、力学性能的对比规律，总结了高性能、高效率阻燃硬质聚氨酯泡沫材料的阻燃机理，讨论了硬质聚氨酯泡沫材料在燃烧过程中的快速自熄效应等。

本书适用于各大高校阻燃材料相关专业的师生，从事阻燃硬质聚氨酯泡沫等建筑保温材料研究、应用以及生产的技术人员和管理人员阅读参考。

图书在版编目（CIP）数据

新型无卤阻燃硬质聚氨酯泡沫材料/钱立军等著 . —北京：
化学工业出版社，2020.11（2022.11重印）
ISBN 978-7-122-37502-5

Ⅰ.①新… Ⅱ.①钱… Ⅲ.①聚氨酯-化学工业
Ⅳ.①TQ323.8

中国版本图书馆 CIP 数据核字（2020）第 146551 号

责任编辑：高 宁 仇志刚　　　　　文字编辑：陈小滔 王文莉
责任校对：张雨彤　　　　　　　　　装帧设计：李子姮

出版发行：化学工业出版社（北京市东城区青年湖南街 13 号　邮政编码 100011）
印　　装：天津盛通数码科技有限公司
710mm×1000mm　1/16　印张 12½　字数 187 千字　2022 年 11 月北京第 1 版第 3 次印刷

购书咨询：010-64518888　　　　　售后服务：010-64518899
网　　址：http://www.cip.com.cn
凡购买本书，如有缺损质量问题，本社销售中心负责调换。

定　　价：88.00 元

前言

近年来，为了节约能源，建设集约型社会，提高全社会能源的使用效率，国家对于发展绿色节能保温材料尤为重视。在已经迅速发展的发泡聚苯乙烯节能保温材料的基础上，具有更高绝热保温效率的聚氨酯泡沫保温材料呈现迅速发展的态势。虽然从成本的角度来看，硬质聚氨酯泡沫绝热保温材料的售价要高于聚苯乙烯泡沫保温材料的价格。但是，相同厚度的硬质聚氨酯泡沫保温材料的绝热保温效率大约高于聚苯乙烯泡沫保温材料 50%，体现了更加优异的节能保温效果，因而具有更加广阔的发展前景。

由于有机泡沫材料具有易燃性，有潜在的火灾隐患，国家特别制定了外墙保温材料的防火阻燃性能的法律法规，避免严重危害人们生命财产安全的重大火灾的发生。因此，各种有机泡沫保温材料在大多数场所使用时均需进行阻燃功能化。为了满足法律法规对于节能保温产品阻燃性能的要求，阻燃硬质聚氨酯泡沫保温材料成为近年来研究和生产的热点。在众多硬质聚氨酯泡沫保温材料阻燃体系的研究中，以可膨胀石墨、含磷有机化合物复合的阻燃体系以其高效的阻燃特性、良好的尺寸稳定性、优异的绝热保温效果、稳定的力学性能成为众多解决方案中效果最好的体系。

本书作者在高性能阻燃硬质聚氨酯泡沫保温材料领域开展了多年的研究，相继提出了提高硬质聚氨酯泡沫阻燃效率的气相凝聚相两相协同阻燃机理、加合阻燃机理、持续性释放阻燃机理、自由基捕获阻燃机理、快速猝灭效应等一系列机理，开发了具有优异阻燃性能和综合性能的阻燃硬质聚氨酯泡沫保温材料，并实现了工业化，取得了良好的社会效益、经济效益和环境效益。

本书共包括六章内容，分别介绍了阻燃聚氨酯材料的发展、二元组分阻燃硬质聚氨酯泡沫体系、三元组分阻燃硬质聚氨酯泡沫体系、四元组分阻燃硬质聚氨酯泡沫体系、聚氨酯表面涂覆技术以及非石墨阻燃硬质聚氨酯泡沫体系。全书系统介绍了新型无卤阻燃硬质聚氨酯泡沫材料的阻燃行为、力学性能的对比规律，总结了高性能、高效率阻燃硬质聚氨酯泡沫材料的阻燃机理。对今后继续发展高性能聚氨酯绝热保温材料具有重要的理论和实践的参考价值。

本书第1章、第2章2.3、第3章3.1、3.2由钱立军、奚望撰写；第2章2.1、2.2和第5章由钱立军和冯发飞撰写，第2章2.4、2.6、第3章3.3和第4章由钱立军和李林洁撰写，第2章2.5由钱立军和王士军撰写；第6章由陈雅君和李琳珊撰写。

本书的研究成果，由北京工商大学、山东海洋化工科学研究院、山东兄弟科技股份有限公司等机构共同完成，研究过程获得了国家重点研发计划（2016YFB0302104）、北京市创新能力提升计划项目（TJSHG201510011021）、北京市属高校青年拔尖人才项目（CIT&TCD201704040）的资助。本书是在北京高等教育"本科教学改革创新项目"和北京工商大学本科教学改革重点项目的支持下完成的。本书出版获得了北京市长城学者培养计划项目（CIT&TCD20180312）、北京工商大学校级杰青优青培育计划项目、北京市百千万人才工程项目（2018A39）的资助。

目前，本领域的研究仍在不断深入发展，新的技术和方法不断更新，书中内容可能存在一定的局限和不足，恳请广大读者批评指正。

钱立军

2020 年 8 月 2 日

目录

第4章　含磷杂菲的四元体系阻燃硬质聚氨酯泡沫材料的快速自熄阻燃行为　/113

第5章　硅酸钠在硬质聚氨酯泡沫表面涂层中的应用及阻燃行为　/126

第1章 绪论

1.1 聚氨酯泡沫材料概述

1.1.1 聚氨酯泡沫材料简介

聚氨酯（PU）是由多异氰酸酯和聚醚多元醇或聚酯多元醇制成的聚合物[1-5]。通过应用不同原料与催化剂可以制得不同性质的产品，比如热塑性弹性体、防水涂料、胶黏剂、硬质和软质泡沫等。其中应用最为广泛的是聚氨酯胶黏剂、硬质和软质泡沫产品，聚氨酯泡沫材料已成为近 5 年来发展速度最快的合成材料[6-10]。

聚氨酯泡沫根据软硬程度不同可分为软质聚氨酯泡沫、半硬质聚氨酯泡沫和硬质聚氨酯泡沫。通常，要想获得硬质聚氨酯泡沫（rigid polyurethane foam，RPUF），必须使用具有支化结构的多元醇。目前多采用官能度高达 8 的脂肪族聚醚多元醇与官能度为 2.5～3 的多异氰酸酯反应来制备。

泡孔结构的类型大致如图 1.1 所示。

如上所述，硬质聚氨酯泡沫材料主要由含活泼氢的羟基化合物聚酯多元醇或聚醚多元醇与异氰酸酯反应来制备，其化学反应式如图 1.2 所示。事实上，在制备硬质聚氨酯泡沫材料的过程中，会加入少量水用作发泡剂，因此，异氰酸酯也能与水发生化学反应，最初形成一种不稳定的氨基甲酸，之后生成 CO_2 气体，如图 1.3 所示。

1.1.2 聚氨酯主要合成原料

硬质聚氨酯泡沫材料的制备通常需要多种原料，如多元醇、催化剂、发泡

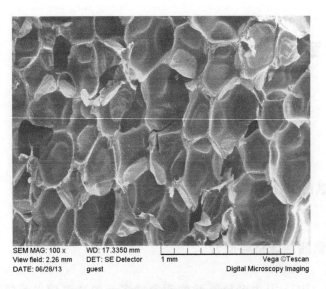

图 1.1　硬质聚氨酯泡沫的泡孔结构

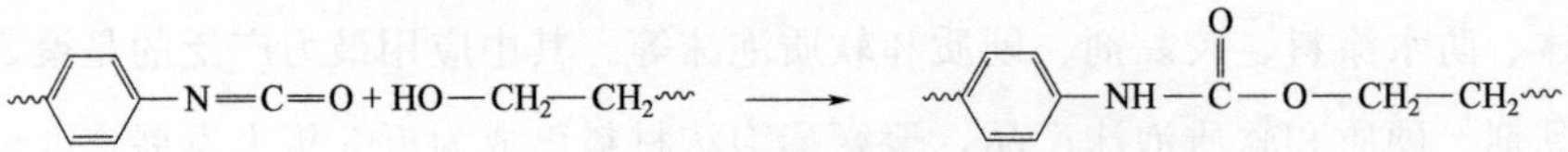

$$\sim\!\!\!\bigcirc\!\!\!-N=C=O + HO-CH_2-CH_2\!\!\sim \longrightarrow \sim\!\!\!\bigcirc\!\!\!-NH-\overset{O}{\overset{\|}{C}}-O-CH_2-CH_2\!\!\sim$$

图 1.2　制备硬质聚氨酯泡沫的化学反应式

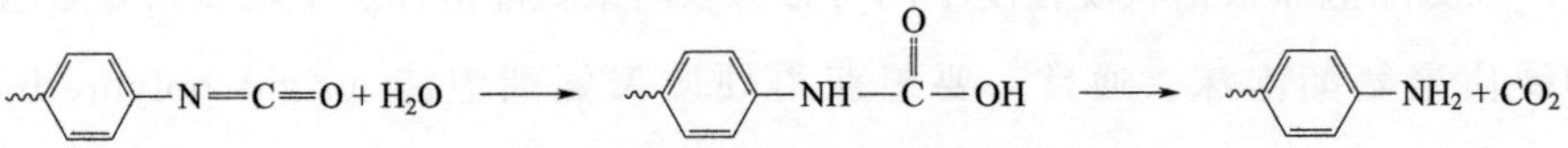

$$\sim\!\!\!\bigcirc\!\!\!-N=C=O + H_2O \longrightarrow \sim\!\!\!\bigcirc\!\!\!-NH-\overset{O}{\overset{\|}{C}}-OH \longrightarrow \sim\!\!\!\bigcirc\!\!\!-NH_2 + CO_2$$

图 1.3　异氰酸酯与水的化学反应式

剂、泡沫稳定剂与多异氰酸酯。有时，为了赋予硬质聚氨酯泡沫以特殊性能，如阻燃性能等，还需要额外添加阻燃剂等助剂。

多元醇一般使用聚酯多元醇与聚醚多元醇[11-13]。而目前来看，市场上的多异氰酸酯主要使用 MDI 与 PAPI。MDI 多用于制造 TPU 材料、合成革制品、鞋底材料和喷涂聚氨酯树脂等。而 PAPI 主要用于合成硬质聚氨酯树脂或胶黏剂[14]。

催化剂可调控发泡反应的速率，包括乳白时间、凝胶时间以及后期的熟化时间。

硬质聚氨酯泡沫材料的发泡剂分为两种：化学发泡剂与物理发泡剂。化学发泡剂的原理是异氰酸根与发泡剂分子中的氨基、羟基等基团发生反应生成气体，由于受到黏度的影响，气体被封存于固化的体系中，从而形成了多孔结构的泡沫材料[15]。而物理发泡剂主要应用的是一些小分子低沸点的液体发泡剂，其原理是依靠聚醚/聚酯多元醇与异氰酸酯反应。对发泡剂进行加热使其达到沸点以上，产生气体，进而气体被封存于固化体系中形成泡孔结构，常见的物理发泡剂有 HCFC-141b、HCFC-22 和液态 CO_2 等。

泡沫稳定剂是聚氨酯泡沫材料不可缺少的一种助剂，聚氨酯材料在发泡过程中，它能促进体系形成大小稳定的泡孔，从而对泡沫材料的应用起到关键作用。实际生产中应用最广泛的是有机硅类表面活性剂，其主要结构为聚硅氧烷-氧化烯烃嵌段或接枝共聚物。

1.1.3　硬质聚氨酯泡沫材料制备方法

硬质聚氨酯泡沫材料在工业上的制备方法主要有三种：预聚体法、半预聚体法和一步法[16]。

（1）预聚体法。首先将聚醚/聚酯多元醇与多异氰酸酯反应生成预聚体，然后加入催化剂、发泡剂、表面活性剂和水等，使水与异氰酸酯反应，进行聚氨酯分子链段的增长，最终形成高分子化合物。

（2）半预聚体法。首先将一部分聚醚/聚酯多元醇与全部异氰酸酯发生反应，生成分子一端带有异氰酸酯的低聚物和未曾参加反应的异氰酸酯混合物，然后在该混合物中加入催化剂、发泡剂、表面活性剂、水和剩余的多元醇充分混合进行发泡。

（3）一步法。一步法是将聚醚多元醇或聚酯多元醇、催化剂、发泡剂、泡沫稳定剂、水和异氰酸酯一次性加入，使得分子链增长与交联能够在很短的时间内完成，最终形成具有较高分子量的聚氨酯泡沫材料。

1.1.4　硬质聚氨酯泡沫材料的主要应用领域

硬质聚氨酯泡沫由于具有密度低、强度高、热导率低、黏结性能强、吸水率低、吸声及缓冲抗震性优良、施工方便等一系列优点[17-22]，因此可作为隔热保温、结构或装饰材料，广泛应用于国民经济的各个领域，如建筑节能、交通运输、石油化工管道、冰箱冰柜、航空军用等[23-29]，如图 1.4 所示。随着国家不断提高建筑节能标准，以及有关部门建筑安全防火政策的逐步落地，聚氨酯保温材料工业发展速度加快。

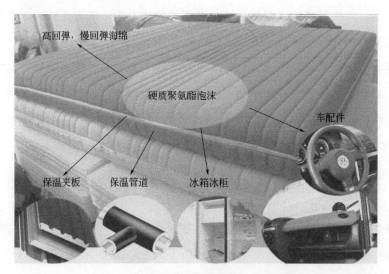

图 1.4 硬质聚氨酯泡沫的部分应用领域

1.2 硬质聚氨酯泡沫材料的阻燃改性

1.2.1 硬质聚氨酯泡沫材料阻燃改性的必要性

近年来，全世界都在大力倡导建筑外墙使用节能环保型保温材料。目前为止常用的外墙保温材料有聚苯乙烯泡沫板和聚氨酯泡沫板。聚苯乙烯泡沫板属于非极性疏水性材料，其表面很难与水泥基浆料等无机材料相黏结，这也是聚苯乙烯作为保温板长期使用后易发生开裂、脱落的主要原因。更重要的是，聚苯乙烯泡沫是热塑性塑料，燃烧时会迅速发生变形熔化，然后产生具有引燃性的滴落物，引发二次火灾。目前，聚氨酯泡沫材料在建筑建材、家居、交通运输等领域应用十分广泛，以其良好的保温性能、力学性能、耐候性等被产业界所认同，特别是其通过阻燃处理之后具有优异的阻燃性能，在燃烧过程中不产生熔滴，不会引发二次火灾[30-32]。因此，在外墙保温材料领域具有良好的发展前景。但是，未经阻燃改性的聚氨酯泡沫遇到明火极易燃烧，很容易发生火灾，进而严重危害社会公共安全。所以，对聚氨酯泡沫进行阻燃处理是保证制品安全使用的重要途径。

尽管硬质聚氨酯泡沫材料具有许多优异的性能，并在诸多领域拥有极其广泛的应用，尤其是在建筑外墙保温材料领域，但是，由于聚氨酯大分子主链上含有大量的可燃碳氢链段，且多孔细胞状结构增加了基体与外界空气的表面接触面积，因此未经阻燃处理的硬质聚氨酯泡沫是极易燃烧的[33-35]，其极限氧指数只有18%～19%。一旦遇到火源就会立即燃烧，迅速达到热释放速率的峰值，并分解产生大量有毒烟雾和腐蚀刺激性气体，如 HCN 等[36]。这些烟雾和气体既阻碍了对受困人员的救助，也对周围的建筑物造成了一定的负面作用。随着对建筑材料火灾隐患重视程度的不断增加，国内外对聚氨酯泡沫塑料的应用提出了越来越高的安全标准。阻燃材料的法规和阻燃材料的标准也在不断建立和完善。由此可见，对硬质聚氨酯泡沫材料进行阻燃改性，以满足其在特殊场合下的使用要求，是十分必要的。

1.2.2　阻燃硬质聚氨酯泡沫材料的研究现状

近年来，国内外很多高校、科研机构和企业等倾注了大量的时间与精力来研究聚氨酯泡沫材料的阻燃应用，取得了丰硕的科研成果。用于聚氨酯聚合物的阻燃剂大致分为两种：添加型阻燃剂、反应型阻燃剂。

1.2.2.1　添加型阻燃剂

这类阻燃剂是以物理分散的方式分散于 PU 基体网络中，与 PU 基体及其原料之间不会发生化学反应。由于聚氨酯树脂中包含阻燃剂的成分，从而使聚氨酯具有一定的阻燃性能。添加型阻燃剂的优点在于选择范围较广，并且对泡沫生成反应影响小，但是有可能存在添加量大、相容性差、使得硬泡力学性能降低或者产生缺陷等缺点。尽管如此，添加型阻燃剂仍然是对硬质聚氨酯泡沫进行阻燃改性的首选。添加型阻燃剂可分为无机阻燃剂和有机阻燃剂。

（1）无机阻燃剂

无机阻燃剂的阻燃机理一般来说分为两种：一种是通过减少燃烧时所产生的热量来达到阻燃的目的[37]。另一种是在聚合物表面形成一层隔离层，阻断了外部火焰热量向基体内部传递。无机阻燃剂具有无毒、无害、无烟、无卤的优点，被广泛应用于硬质聚氨酯泡沫材料的阻燃改性。常用的无机添加型阻燃剂有氢氧化镁（MH）、氢氧化铝（ATH）、红磷、可膨胀石墨（EG）、聚磷酸铵（APP）、蒙脱土、黏土、硅酸盐、硼酸盐、三氧化二锑、玻璃微珠、次磷酸铝等。但一般来说无机阻燃剂的添加量较大，相容性较差，会影响聚氨酯的发泡性能及力学性能。

Cui Yao 等[38]制备出了 $2ZnO \cdot 3B_2O_3 \cdot 7H_2O$、$2ZnO \cdot 3B_2O_3 \cdot 3.5H_2O$、$3ZnO \cdot 3B_2O_3 \cdot 5H_2O$ 三种水合硼酸锌，分别用来阻燃 PU 泡沫。研究发现：$2ZnO \cdot 3B_2O_3 \cdot 3.5H_2O$ 可以在明显地提高 PU 泡沫热稳定性的同时，也提高阻燃泡沫的力学性能。

袁才登等[39]以 APP 复配 EG 为复合阻燃体系，制备了完全无机且无卤阻燃剂改性的硬质聚氨酯泡沫，并对样品进行了测试。研究发现：APP 含量恒定为 15%、阻燃剂总添加量为 25% 时能够很好地改善 PU 泡沫的阻燃性能，二者复配在一起使用比单独使用有更好的阻燃作用，这说明两个组分复配在一起具有明显的协同阻燃效果。

Danowska Magdalena 等[40]运用改性蒙脱土来制备无卤阻燃 PU 泡沫。测试表明添加改性蒙脱土一方面在燃烧过程中降低了燃烧热量，提高了材料的火焰阻燃性能，另一方面也提高了聚氨酯泡沫的力学性能。

金属氢氧化物阻燃剂是无机阻燃剂中最常见的一种，ATH 与 MH 是最主要的金属氢氧化物，主要通过燃烧时分解吸热和释放水蒸气稀释可燃性气体来发挥阻燃抑烟作用[41]。通常情况下，ATH 与 MH 受热后分解成金属氧化物和水，水在吸收周围热量后变为水蒸气，带走体系中的热量，从而起到阻燃的作用。与 MH 相比，ATH 具有较高的含水量，抑烟效果更加明显[42]。

Chai H 等[43]制备了添加不同比例氢氧化铝和氢氧化镁的 RPUF 样品。研究了样品的阻燃性能和物理性能。当氢氧化镁和氢氧化铝的添加量比例为 1:3 时，可显著提高样品的阻燃性能和热稳定性。点燃时间延长至 14.33s，总热释放量和热释放速率峰值分别降低到 2.60MJ/m² 和 50.79kW/m²。然而样品的压缩强度随着阻燃剂含量的增加而降低。

陶亚秋等[44]研究了单独添加（10%、20%、30%、40%、50%）ATH到 PU 泡沫中的阻燃性能，研究发现：随着 ATH 添加量的上升，极限氧指数（LOI）从 19.2%上升到了 23.0%。但是一方面添加量过大，往往对泡沫力学性能影响较大；另一方面单独使用时效果并不理想，阻燃效率过低。Thirumal M 等[45]将 ATH 与磷酸三苯酯（TPP）进行复配使用，发现两者在阻燃方面具有协同阻燃效应，当 ATH：TPP 的质量比为 5∶1 时，LOI 达到 29.5%。此外两者复配体系也改善了 PU 泡沫的力学性能。此外，Thirumal M. 等[46]还研究了聚磷酸蜜胺（MPP）与三聚氰胺氰尿酸盐（MC）在硬质聚氨酯泡沫中的阻燃行为。MPP 与 MC 均能提高泡沫的阻燃性能，但前者要优于后者。

刘源等[47]采用微米级 ATH 作为阻燃剂，制备了高性能硬质 PU 泡沫复合材料。结果表明，微米级的 ATH 在 PU 基体中的骨架支撑作用，赋予 PU 泡沫良好的力学性能，使其能够良好发泡并保持较好的泡孔结构。在 ATH 添加量高达 168 份时，材料的力学性能最佳，压缩强度和邵尔 C 硬度分别为 0.37MPa 和 72.5；LOI 值可达 35.4%；且阻尼性能也较为优异。

张以河等[48]研究了氢氧化铝、水滑石与甲基膦酸二甲酯（DMMP）单独及复配使用时对硬质聚氨酯泡沫塑料阻燃性能的影响。研究发现，氢氧化物填料与 DMMP 在泡沫中发挥着协同作用，能够有效提高基体的极限氧指数值。

氢氧化物类阻燃剂添加量大，容易影响材料的力学性能，因此目前的研究热点主要是探索其与其他阻燃剂在硬质聚氨酯泡沫中的阻燃协同作用。

近年来，可膨胀石墨（EG）也作为一种添加型阻燃剂被广泛使用。它与金属氢氧化物相比阻燃效率更高，添加量较少，对材料的力学性能影响较小。EG 受热后会在短时间内膨胀数百倍，形成蠕虫状炭层覆盖在基体表面，阻止外部热量进一步向基体内部传递，从而达到阻燃的目的。Li Y 等[49]研究了 EG 的粒径大小对阻燃性能的影响。通过研究发现，较小粒径（<150μm）的 EG 阻燃效果较差，基本起不到阻燃的作用。随着进一步增大可膨胀石墨的粒径，发现当粒径达到 960μm、添加量为 20 份时，其阻燃效果极佳，LOI 达到 26.9%。为了进一步提升 PU 泡沫的阻燃性能，可以将 EG 与磷酸酯等含磷阻

燃剂进行复配使用。

Modesti 研究小组[50]将可膨胀石墨（EG）、磷酸三乙酯与红磷添加到聚异氰脲酸酯-聚氨酯泡沫中，分别研究了磷酸三乙酯与石墨、红磷与石墨对泡沫阻燃性能的影响。随着石墨含量的提高，泡沫材料的耐火行为有明显的改善。而且，与少量的磷酸三乙酯和红磷复配后，阻燃性能得到进一步的提高。但在一定程度上会给泡沫的力学性能带来不良影响。

李忠明等[51-56]通过可膨胀石墨来对泡沫进行阻燃改性，集中研究了不同粒径的可膨胀石墨对高密度聚氨酯泡沫阻燃行为的影响，中空玻璃微球与石墨、晶须二氧化硅与石墨及聚磷酸铵与石墨对硬质聚氨酯泡沫阻燃性能的影响，聚甲基丙烯酸甲酯-可膨胀石墨复合材料在硬质聚氨酯泡沫中的阻燃应用等。通过一系列的测试与表征，发现可膨胀石墨对于硬质聚氨酯泡沫而言是一种极其有效的膨胀型阻燃剂。而且，石墨颗粒的粒径对其阻燃能力有很大的影响。然而，单独使用石墨会降低泡沫的力学性能。通过引入第三组分中空玻璃微球、晶须二氧化硅或聚磷酸铵等，既能进一步提高泡沫的阻燃性，又能避免破坏泡沫的力学性能。此外，王德明等[57]也研究了聚磷酸铵与可膨胀石墨对硬质聚氨酯泡沫塑料阻燃性能的影响。

Li A 等[58]将微胶囊红磷（MRP）、氢氧化镁 [$Mg(OH)_2$]、玻璃纤维（GF）和中空玻璃珠（HGB）按照一定的比例添加到 RPUF 中，制备阻燃RPUF，并对样品进行了测试。研究发现，随着 MRP/$Mg(OH)_2$ 添加量的增加，能不断提高 RPUF 的极限氧指数，降低一氧化碳浓度值。

Cao Z J 等[59]用三聚氰胺甲醛树脂包覆红磷（RP）制备了阻燃剂 MFcP，并将其添加到 RPUF 中。与 RP/RPUF 相比，MFcP/RPUF 样品的泡孔更加均匀，更加接近球形。锥形量热仪测试结果显示，相比于 RP，MFcP 能更大程度地降低 RPUF 的总热释放量和总烟释放量。

Xu W 等[60]采用纳米氧化锌、沸石和蒙脱土分别与甲基膦酸二甲酯（DMMP）和磷酸铵（APP）复配阻燃改性 RPUF。纳米氧化锌、沸石和蒙脱土主要在凝聚相发挥阻燃作用。纳米阻燃剂的添加能明显降低燃烧过程中可燃性气体的释放，并提高成炭性。当在 RPUF 中添加 5%（质量分数，下同）的沸石，8% 的 DMMP 和 8% 的 APP 时，样品的热释放速率峰值能够降低到

$91kW/m^2$。Xu W Z 等[61]研究了可膨胀石墨（EG）与次磷酸铝（AHP）在 RPUF 中的协同阻燃作用。当阻燃剂的总添加量达到 20%（EG：AHP＝3：1）时，材料的极限氧指数达到最高值 37.8%，并且二者复配使用时样品的热稳定性高于两者单独添加时材料的热稳定性。EG 和 AHP 之间的协同阻燃作用主要归因于二者复配使用时能够在基体表面形成致密的蠕虫状炭层，从而阻碍热量的传递，延缓材料的燃烧。

田玉梅等[62]依据 ZnO、B_2O_3、H_2O 三者之间的摩尔比，合成了三种不同微观形态的硼酸锌化合物，并通过合理筛选将其中的一种 $2ZnO \cdot 3B_2O_3 \cdot 3.5H_2O$ 化合物应用在硬质聚氨酯泡沫中。研究发现，在 300℃前泡沫的最大分解温度提高了 54℃，在 400℃后其最大分解温度提高了 104℃。

Modesti 等[63]研究了在硬质聚氨酯泡沫中含磷阻燃剂（磷酸铝）与层状硅酸盐之间的阻燃协同效应。其中，层状硅酸盐选用未经改性的蒙脱土、铵改性的黏土及磷改性的黏土。研究发现，阻燃剂复配后能够在气相与凝聚相两相中同时发挥阻燃作用，从而提高泡沫材料的阻燃性能。

三聚氰胺氰尿酸盐（MCA）是一种含氮量很高的阻燃剂，受热后分解释放出 NH_3 等惰性气体，稀释可燃性气态物质，从而达到阻燃的目的。三聚氰胺聚磷酸盐（MPP）是一种磷氮复合阻燃剂，阻燃效率高，在气相与凝聚相中同时发挥着阻燃的作用。MPP 与 MCA 的结构式如图 1.5 所示。有研究表明，分别将 MPP 与 MCA 加入到 PU 泡沫中进行阻燃研究，发现两者都能在一定程度上发挥阻燃效果。同样添加 25% 的阻燃剂，与 MPP 体系的 LOI 相

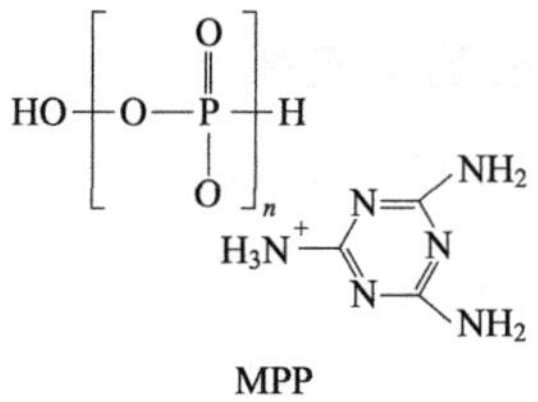

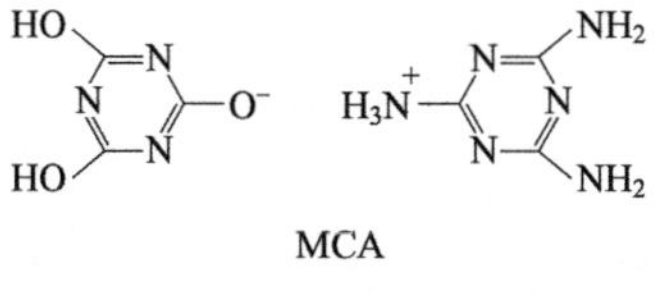

图 1.5　MPP 与 MCA 的结构式

比，MCA 体系的 LOI 较低。从锥形量热仪残炭上看，MPP 的阻燃效果优于 MCA 的阻燃效果[64]。

无机添加型阻燃剂的优点在于工艺简单，成本低。但是其缺点如相容性与分散性差、阻燃效率低等问题阻碍着无机阻燃剂的发展。所以未来无机添加型阻燃剂的发展方向是解决上述问题。

（2）有机阻燃剂

聚氨酯泡沫改性的传统方法是添加含卤的有机阻燃剂，如十溴二苯醚、十溴二苯乙烷[65]、五溴二苯醚、八溴二苯醚、三（2-氯乙基）磷酸酯[66]、三（2-氯丙基）磷酸酯[67,68]等。而有机无卤阻燃剂主要以磷氮阻燃剂为主，通常应用在聚氨酯中的有磷酸酯类、磷杂菲化合物、磷腈、三聚氰胺氰尿酸盐等等。与磷氮系阻燃剂相比，含卤阻燃剂阻燃效率相对较高，但是由于环保法规影响，近年来磷氮系阻燃剂得到了飞速发展。

磷酸酯类是应用最为广泛的一类硬质聚氨酯泡沫阻燃剂，添加量少，阻燃效率高，是一种环保型的添加型阻燃剂。磷酸酯类阻燃剂主要通过燃烧过程中分解释放具有猝灭效应的 PO· 和 PO_2· 自由基，捕捉可燃性自由基，在气相中发挥阻燃作用；以及生成具有催化聚合物成炭的偏磷酸等物质，从而形成更加完整致密的炭层阻隔热量和可燃性气体的传递，发挥凝聚相阻燃作用[69-70]。

磷酸酯阻燃剂近年来发展十分迅速，一方面，随着阻燃剂无卤化的发展，磷酸酯类阻燃剂在工程塑料以及热固性树脂方面的应用不断扩大；另一方面，国内磷酸酯制造水平迅速提高，产品质量达到或超过国外同类产品水平，且价格优势明显[71]。常用的磷酸酯类阻燃剂主要有双酚 A（二苯基）磷酸酯（BDP）、间苯二酚双（二苯基）磷酸酯（RDP）以及甲基膦酸二甲酯（DMMP）等品种（其结构式如图 1.6～图 1.8 所示），也有传统的磷酸三苯酯

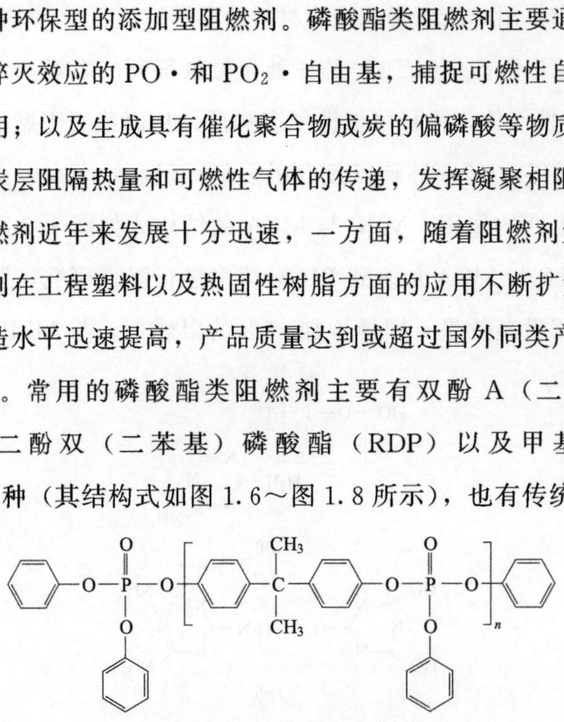

图 1.6 BDP 结构式

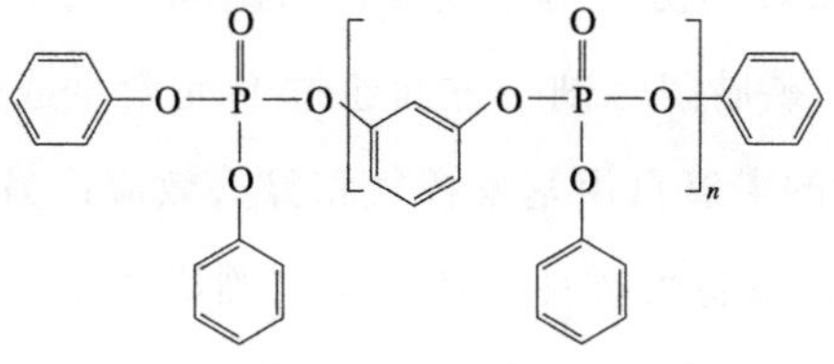

图 1.7 RDP 结构式

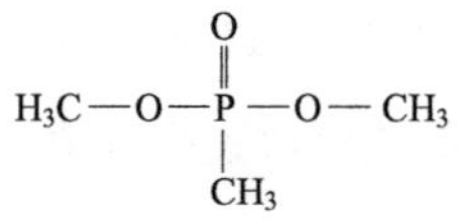

图 1.8 DMMP 结构式

（TPP）、磷酸三（氯异丙基）酯（TCPP）、磷酸三（β-氯乙基）酯（TCEP）等品种。

将次磷酸盐、膦酸酯、磷酸酯及磷酸盐应用于阻燃硬质聚氨酯泡沫，与未经改性的聚氨酯泡沫相比，含磷阻燃剂通过自身的挥发或分解在气相中发挥阻燃作用。

DMMP 常被添加到 PU 泡沫中进行阻燃，由于其含磷量高达 25%，可以达到较为优异的阻燃效果。但其沸点较低，在应用过程中易挥发，从而影响其持续的高效阻燃。Wang Z Z 等[72]研究了 SiO_2 纳米球/氧化石墨烯和 DMMP 复合体系对硬质聚氨酯泡沫材料的力学性能、热性能和阻燃性能的影响。研究发现，复合体系能较大程度地提高材料的力学性能和阻燃性能，并且三者复合使用比单独添加 DMMP 得到的硬质聚氨酯泡沫材料的泡孔尺寸更小、更均匀。

Zheng X R 等[73]研究了聚磷酸铵（APP）和膦酸三苯酯（TPP）阻燃体系在聚氨酯燃烧过程中的成炭性，并在此基础上添加了有机改性蒙脱土（OMMT）进一步提高样品的阻燃性能。研究发现，当添加 8% APP 和 4% TPP 时，样品的残炭率由纯样的 8.9% 提高至 28.1%。OMMT 的加入能进一步提高残炭率，有助于形成稳定紧密的残炭，从而发挥屏障阻隔作用。

磷腈类阻燃剂是一类主链由 P、N 单双键交替排列而成的无机化合物，主要包括线性和环状两种结构。磷腈阻燃剂中含有 P、N 两种阻燃元素，由于

P、N 元素之间具有良好的协同阻燃效应，因此能够赋予硬质聚氨酯泡沫材料优异的阻燃性能[74]。磷腈阻燃剂一方面通过 P 元素生成的磷酸类物质发挥凝聚相阻隔作用，生成的磷氧自由基发挥气相猝灭效应；另一方面通过 N 元素生成的氨气等不可燃气体稀释可燃性气体，抑制燃烧强度[75]。Yang R 等[76]研究了六-(5,5-二甲基-1,3,2-二氧杂膦-羟基-甲基-苯氧基)-环三磷腈（HDPCP）对聚氨酯阻燃性能、物理性能和热性能的影响。研究发现，HDPCP 能够增强 RPUF 的热稳定性和成炭性。当加入 25％的 HDPCP 后，RPUF 的 LOI 从 19％增加到 25％，并且能有效地降低样品的热释放速率峰值、总热释放量和总烟释放量。

磷杂菲类阻燃剂主要是由 9,10-二氢-9-氧杂-10-磷杂菲-10-氧化物（DOPO）与其他不饱和基团发生反应制得，是目前阻燃硬质聚氨酯泡沫领域常用的一种阻燃剂。磷杂菲衍生物因为链接基团的不同既可以作为添加型阻燃剂也可以用作反应型阻燃剂，应用到聚氨酯材料中，它主要通过分解释放苯氧和磷氧自由基燃烧链式反应，发挥高效的气相猝灭效应[77-79]。Zhang M 等[80]合成了一种新型的磷杂菲阻燃剂（DOPO-BA），结构式如图 1.9 所示，并研究了其对 RPUF 的力学性能、热性能和阻燃性能的影响。研究发现，样品的极限氧指数随着 DOPO-BA 含量的增加而提高，并且 DOPO-BA 能降低样品的总热释放量和总烟释放量。当 DOPO-BA 的添加量为 20％时，样品的残炭率能从 6.1％（纯样）提升到 15.3％。DOPO-BA 的加入在提高样品阻燃性能的同时，并不会影响材料的泡孔结构、闭孔率和热导率。

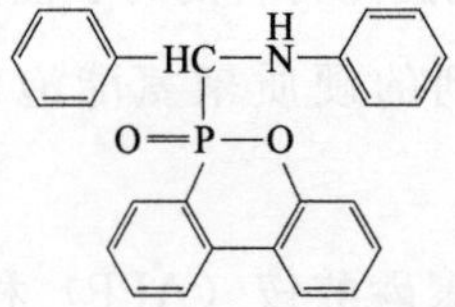

图 1.9　DOPO-BA 的结构式

1.2.2.2　反应型阻燃剂

反应型阻燃剂是通过化学反应将阻燃元素 P、N 等引入到多元醇组分中，之后利用发泡过程中发生的化学反应，将阻燃元素引入到聚氨酯的大分子链中，最终获得具有阻燃性能的聚氨酯泡沫。这种阻燃方法最大的优点在于阻燃性能持久，但往往成本较高，且会在一定程度上影响泡沫的其他性能。

含磷氮元素的醇是目前常见的一种反应型阻燃剂。Yang R 等[81]利用六氯环三磷腈、亚磷酸二乙酯和对羟基苯甲醛合成了一种反应型阻燃剂六（亚磷酸酯-羟基-甲基-苯氧基)-环三磷腈（HPHPCP），结构式如图 1.10 所示。HPHPCP 的添加提高了 RPUF 的密度、压缩强度和热导率。由于 HPHPCP 的多官能团反应性，使得基体的交联浓度较高，从而提高了样品的初始分解温度。材料的极限氧指数随着 HPHPCP 添加量的增加而提高，当添加 20％的 HPHPCP 时，样品的极限氧指数提高到了 26％。并且当 HPHPCP 的用量超过 10％时，样品就能通过 UL-94 HF-1 阻燃级别。

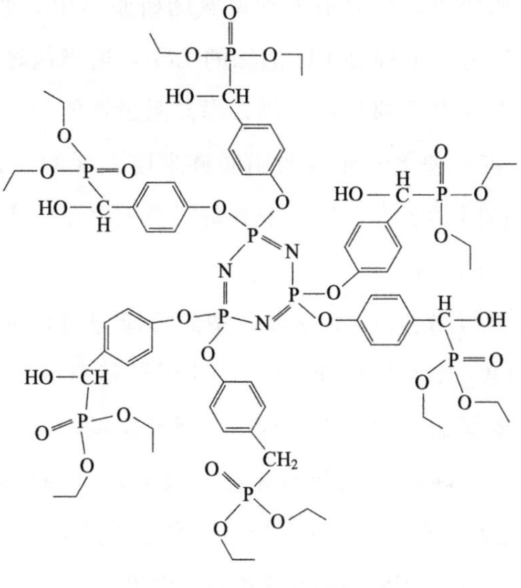

图 1.10　HPHPCP 的结构式

Yuan Y 等[82]研究了含磷多元醇（BHPP）和含氮多元醇（MADP）在 EG/RPUF 体系里的协同阻燃效应，结构式如图 1.11 所示。当 BHPP 和 MADP 的添加质量比为 1∶1 时，两者表现出明显的协同阻燃效应，BHPP 分解生成的磷酸或磷酸盐和 MADP 分解释放的 NH_3 都促进了基体成炭，延缓基体的进一步分解。与纯样相比，BHPP 和 MADP 体系的热释放速率峰值降低了 54.2％，极限氧指数提高到 33.5％。

现有文献表明，反应型阻燃剂 N,N-二羟乙基胺甲基膦酸二乙酯（DDMP）

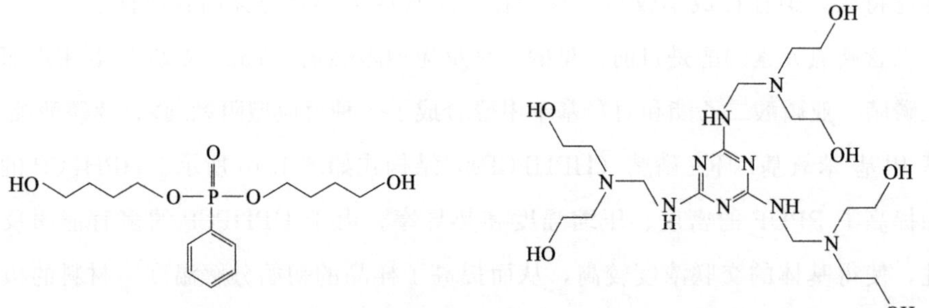

图 1. 11　BHPP 和 MADP 的结构式

具有活性羟基，在制备泡沫的过程中，羟基能与黑料异氰酸酯发生反应，形成交联网络结构，从而将阻燃组分引入到聚氨酯树脂当中。通过测试表征发现，引入的阻燃组分可以有效地提高 PU 泡沫的 LOI，适当地降低了热释放速率峰值，同时减少泡沫在高温下的分解产物，提高阻燃性能[83]。

Zatorski 等[84]将一种含溴元素的脂肪族聚醚三元醇、含磷元素的高反应活性的多元醇与其他阻燃剂进行复配来制备阻燃 RPUF。研究发现，RPUF 的阻燃性能得到了极大的提高。

Chen-Yang 等[85]首先合成了一种新型的反应型阻燃剂 $N_3P_3[OC_6H_4OP(O)(OC_2H_5)_2]_3(OC_6H_4OH)_3$（EPPZ），利用羟基与多异氰酸酯反应，从而将磷腈基团引入到聚氨酯的大分子结构中。研究发现，与纯硬质聚氨酯泡沫材料相比，含有 EPPZ 的硬质聚氨酯泡沫材料具有较高的极限氧指数值和残炭率，显现出优异的离火自熄行为。进一步的研究分析指出，这种阻燃性能的提高得益于 EPPZ 结构在材料中所发挥的凝聚相阻燃作用。类似地，该研究小组还合成了另一种阻燃剂 $N_3P_3[OC_6H_4OP(O)(OC_6H_5)_2]_3(OC_6H_4OH)_3$（PPPZ），应用在硬质聚氨酯泡沫材料中能够表现出与 EPPZ 相同的阻燃效果[86]。

有研究人员在聚氨酯泡沫中添加磷化蓖麻油（在蓖麻油的分子链段中插入一段含磷基团），从而给 PU 泡沫赋予一定的阻燃性能。将这种磷化的聚氨酯泡沫与 EG 以一定比例复配使用时，极限氧指数由最初的 20.1% 上升到了 29.7%[87]。

1. 2. 2. 3　硬质聚氨酯泡沫涂层

为了满足国家对建筑节能材料所提出的关于阻燃性能方面的更高要求，除了对硬质聚氨酯泡沫芯材进行阻燃改性外，研究人员还在泡沫表面装饰合适的防火涂层。Davis 等[88]采用层层组装方法制备碳纳米纤维填充的涂层来降低聚氨酯泡沫的可燃性，取得了较好的效果。国内在这方面已经有部分专利出现。胡华昌[89]设计了一种轻质隔墙板，该板具有阻燃的聚氨酯泡沫芯层，两面分别设有阻燃单板或阻燃牛皮纸或镀锌铁皮或铝皮。这种结构具有阻燃、质量轻、隔声效果好、保温绝热性能佳、成本低等优点。马仝等[90]发明了一种六面包覆型阻燃聚氨酯保温复合板。其特点在于聚氨酯保温板的六面包覆有阻燃性能较好的水泥基界面毡，能有效预防该保温板被外界火源引燃，从而提高施工前后保温板的安全度。其中阻燃水泥基界面毡含有水泥、石英粉及固态阻燃剂（主要是无机阻燃剂，如氢氧化镁、氢氧化铝等）。

1.3　硬质聚氨酯泡沫材料研究的目的与意义

随着人们对高效阻燃、无卤环保的聚氨酯保温材料的需求迅速增加，新型高效无卤阻燃聚氨酯领域成为了当前研究领域的热点。该材料因具有良好的阻燃性能、良好的保温性能而成为研究的重点。

本书总结了笔者近年来阻燃硬质聚氨酯泡沫材料的研究成果，介绍了二元、三元、四元复合阻燃体系及其阻燃聚氨酯的性能，也论述了两相协同阻燃机理、加合阻燃机理、持续性释放阻燃剂，讨论了硬质聚氨酯泡沫材料在燃烧过程中的快速自熄效应等；在讨论石墨基阻燃硬质聚氨酯泡沫的基础上，也讨论了非石墨基无卤阻燃硬质聚氨酯泡沫的阻燃性能与机理。本书研究成果将为今后进一步发展高性能、高阻燃效率的硬质聚氨酯泡沫绝热保温材料提供理论支撑。

参 考 文 献

[1]　Kabakci E，Sayer O，Suvaci E，et al. Processing-structure-property relationship in rigid polyure-
　　　thane foams [J]. Journal of Applied Polymer Science，2017，134（21）：44870.

[2]　Francisco A P，Harner T，Eng A. Measurement of polyurethane foam-air partition coefficients for
　　　semivolatile organic compounds as a function of temperature：Application to passive air sampler mo-

nitoring [J] . Chemosphere, 2017, 174: 638-642.

[3] Kim M W, Kwon S H, Park H, et al. Glass fiber and silica reinforced rigid polyurethane foams [J] . Express Polymer Letters, 2017, 11 (5): 374-382.

[4] Loureiro M V, Lourenco M J, De S A, et al. Amino-silica microcapsules as effective curing agents for polyurethane foams [J] . Journal of materials science, 2017, 52 (9): 5380-5389.

[5] Abdessalam H, Abbes B, Abbes F, et al. Prediction of acoustic properties of polyurethane foams from the macroscopic numerical simulation of foaming process [J] . Applied Acoustics, 2017, 120: 129-136.

[6] Chaydarreh K C, Shalbafan A, Welling J. Effect of ingredient ratios of rigid polyurethane foam on foam core panels properties [J] . Journal of Applied Polymer Science, 2017, 134 (17): 44722.

[7] Sipaut C S, Halim H A, Jafarzadeh M. Processing and properties of an ethylene-vinyl acetate blend foam incorporating ethylene-vinyl acetate and polyurethane waste foams [J] . Journal of Applied Polymer Science, 2017, 134 (16): 44708.

[8] Zhang H, Fang W Z, Li Y M, et al. Experimental study of the thermal conductivity of polyurethane foams [J] . Applied Thermal Engineering, 2017, 115: 528-538.

[9] Keshavarz M, Zebarjad S M, Daneshmanesh H, et al. On the role of TiO_2 nanoparticles on thermal behavior of flexible polyurethane foam sandwich panels [J] . Journal of Thermal Analysis and Calorimetry, 2017, 127 (3): 2037-2048.

[10] Chu CC, Yeh S K, Peng S P, et al. Preparation of microporous thermoplastic polyurethane by low-temperature supercritical CO_2 foaming [J] . Journal of Cellular Plastics, 2017, 53 (2): 135-150.

[11] 孙刚, 刘预, 冯芳, 等. 聚氨酯泡沫材料的研究进展 [J] . 材料导报, 2006, 20 (3): 29-33.

[12] 李来丙, 龚必珍, 罗耀华. 可膨胀石墨对聚异氰酸酯-聚氨酯泡沫材料阻燃性能的影响 [J] . 石油化工, 2008, 37 (2): 178-182.

[13] Rattanapan S, Pasetto P, Pilard J F. Polyurethane foams from oligomers derived from waste tire crumbs and polycaprolactone diols [J] . Journal of Applied Polymer Science, 2016, 133 (47): 44251.

[14] Zarzyka I. Preparation and characterization of rigid polyurethane foams with carbamide and borate groups [J] . Polymer International, 2016, 65 (12): 1430-1440.

[15] Zharinova E, Heuchel M, Weigel T, et al. Water-Blown Polyurethane Foams Showing a Reversible Shape-Memory Effect [J] . Polymers, 2016, 20 (12): 170.

[16] 丁雪佳, 薛海蛟, 李洪波, 等. 硬质聚氨酯泡沫塑料研究进展 [J] . 化工进展, 2009, 28 (2): 278-282.

[17] Levchik S V, Weil E D. Thermal decomposition, combustion and fire-retardancy of polyurethanes-

a review of the recent literature [J]. Polymer International, 2004, 53 (11): 1585-1610.

[18] 刘益军. 聚氨酯树脂及其应用 [M]. 北京: 化学工业出版社, 2011: 100-167.

[19] 陈勇军, 李斌, 刘岚, 等. 阻燃型硬质聚氨酯泡沫塑料研究进展 [J]. 塑料科技, 2012, 40 (3): 103-109.

[20] 刘国胜, 冯捷, 郝建薇, 等. 硬质聚氨酯泡沫塑料的阻燃、应用与研究进展 [J]. 中国塑料, 2011, 25 (11): 5-9.

[21] 周晓谦, 任晶鑫, 李庆雨, 等. 改性条件对阻燃型硬质聚氨酯泡沫塑料性能的影响 [J]. 中国塑料, 2012, 26 (3): 71-74.

[22] 方禹声, 朱吕民. 聚氨酯泡沫塑料 [M]. 北京: 化学工业出版社, 1984: 107.

[23] Athanasopoulos N, Baltopoulos A, Matzakou M, et al. Electrical conductivity of polyurethane/MWCNT nanocomposite foams [J]. Polymer Composites, 2012, 33 (8): 1302-1312.

[24] Harikrishnan G, Singh S N, Kiesel E, et al. Nanodispersions of carbon nanofiber for polyurethane foaming [J]. Polymer, 2010, 51 (15): 3349-3353.

[25] Chattopadhyay D K, Webster D C. Thermal stability and flame retardancy of polyurethanes [J]. Progress in Polymer Science, 2009, 34 (10): 1068-1133.

[26] Kulesza K, Pielichowski K. Thermal decomposition of bisphenol A-based polyetherurethanes blown with pentane Part Ⅱ—Influence of the novel $NaH_2PO_4/NaHSO_4$ flame retardant system [J]. Journal of Analytical and Applied Pyrolysis, 2006, 76 (1-2): 249-253.

[27] Patrick J F, Sottos N R, White S R. Microvascular based self-healing polymeric foam [J]. Polymer, 2012, 53 (19): 4231-4240.

[28] König A, Kroke E. Flame retardancy working mechanism of methyl-DOPO and MPPP in flexible polyurethane foam [J]. Fire and Materials, 2012, 36 (1): 1-15.

[29] Chen M J, Shao Z B, Wang X L, et al. Halogen-free flame-retardant flexible polyurethane foam with a novel nitrogen-phosphorus flame retardant [J]. Industrial & Engineering Chemistry Research, 2012, 51 (29): 9769-9776.

[30] Zhai Y Y, Xiao K, Yu J Y, et al. Fabrication of hierarchical structured SiO_2/polyetherimide-polyurethane nanofibrous separators with high performance for lithium ion batteries [J]. Electrochimica Acta, 2015, 154: 219-226.

[31] Gu L M, Ge Z, Huang M H, et al. Halogen-free flame-Retardant waterborne polyurethane with a novel cyclic structure of phosphorus-nitrogen synergistic flame retardant [J]. Journal of Applied Polymer Science, 2015, 132 (3): 41288.

[32] Jimenez M, Lesaffre N, Bellayer S, et al. Novel flame retardant flexible polyurethane foam: plasma induced graft-polymerization of phosphonates [J]. RSC Advances, 2015, 5 (78):

63853-63865.

[33] Sonnenschein M F, Wendt B L. Design and formulation of soybean oil derived flexible polyurethane foams and their underlying polymer structure/property relationships [J]. Polymer, 2013, 54 (10): 2511-2520.

[34] Tan S Q, Abraham T, Ference D, Macosko CW. Rigid polyurethane foams from a soybean oil-based polyol [J]. Polymer, 2011, 52 (13): 2840-2846.

[35] Usta N. Investigation of fire behavior of rigid polyurethane foams containing fly ash and intumescent flame retardant by using a cone calorimeter [J]. Journal of Applied Polymer Science, 2012, 124 (4): 3372-3382.

[36] Price D, Liu Y, Hull T R, et al. Burning behavior of foam/cotton fabric combinations in the cone calorimeter [J]. Polymer Degradation and Stability, 2002, 77 (2): 213-220.

[37] Wang Z Z, Qu B J, Fan W C. Combustion characteristicsof halogen-free flame retarded polyethylene contain ingmagnesium hydroxide and some synergists [J]. Journal of Applied Polymer Science, 2001, 81 (1): 206-214.

[38] Cui Y, Liu X L, Tian Y M, et al. Controllable synthesis of three kinds of zinc borates and flame retardant properties in polyurethane foam [J]. Colloids and Surfaces A-Physicochemical and Engineering Aspects, 2012, 414: 274-280.

[39] 袁才登, 曾海唤, 王健, 等. 复合无机无卤阻燃剂改性聚氨酯泡沫及性能研究 [J]. 高校化学工程学报, 2014, 28 (6): 1372-1377.

[40] Danowska M, Piszczyk L, Strankowski M, et al. Rigid polyurethane foams modified with selected layered silicate nanofillers [J]. Journal of Applied Polymer Science, 2013, 130 (4): 2272-2281.

[41] Yang H Y, Wang X, Song L, et al. Aluminum hypophosphite in combination with expandable graphite as a novel flame retardant system for rigid polyurethane foams [J]. Polymers for Advanced Technologies, 2014, 25 (9): 1034-1043.

[42] Zhang A Z, Zhang Y H, Lv F Z, et al. Synergistic effects of hydroxides and dimethyl methylphosphonate on rigid halogen-free and flame-retarding polyurethane foams [J]. Journal of Applied Polymer Science, 2013, 128 (1): 347-353.

[43] Chai H, Duan Q L, Jiang L, et al. Effect of inorganic additive flame retardant on fire hazard of polyurethane exterior insulation material [J]. Journal of Thermal Analysis and Calorimetry, 2019, 135: 2857-2868.

[44] 陶亚秋, 周云, 祝社民. 无卤添加型阻燃剂对硬质聚氨酯泡沫阻燃性能研究 [J]. 化工新型材料, 2012, 40 (8): 123-125.

[45] Thirumal M, Singha N K, Khastgir D, et al. Halogen-free flame retardant rigid polyurethane

foams: Effect of alumina trihydrate and triphenylphosphate on the properties of polyurethane foams [J]. Journal of Applied Polymer Science, 2010, 116 (4): 2260-2268.

[46] Thirumal M, Khastgir D, Nando G B, et al. Halogen-free flame retardant PUF: effect of melamine compounds on mechanical, thermal and flame retardant properties [J]. Polymer Degradation and Stability, 2010, 95 (6): 1138-1145.

[47] 刘源，吴博，泽宇，等. 全水发泡聚氨酯/Al(OH)$_3$ 阻燃硬质泡沫的研究 [J]. 塑料工业，2015，43 (02): 89-93.

[48] Zhang A Z, Zhang Y H, Lv F Z, et al. Synergistic effects of hydroxides and dimethyl methylphosphonate on rigid halogen-free and flame-retarding polyurethane foams [J]. Journal of Applied Polymer Science, 2013, 128 (1): 347-353.

[49] Li Y, Zou J, Zhou S T, et al. Effect of expandable graphite particle size on the flame retardant, mechanical, and thermal properties of water-blown semi-rigid polyurethane foam [J]. Journal of Applied Polymer Science, 2014, 131 (3): 39885.

[50] Modesti M, Lorenzetti A. Halogen-free flame retardants for polymeric foams [J]. Polymer Degradation and Stability, 2002, 78 (1): 167-173.

[51] Shi L, Li Z M, Xie B H, et al. Flame retardancy of different-sized expandable graphite particles for high-density rigid polyurethane foams [J]. Polymer International, 2006, 55 (8): 862-871.

[52] Bian X C, Tang J H, Li Z M. Flame retardancy of hollow glass microsphere/rigid polyurethane foams in the presence of expandable graphite [J]. Journal of Applied Polymer Science, 2008, 109 (3): 1935-1943.

[53] Bian X C, Tang J H, Li Z M. Flame retardancy of whisker silicon oxide/rigid polyurethane foam composites with expandable graphite [J]. Journal of Applied Polymer Science, 2008, 110 (6): 3871-3879.

[54] Meng X Y, Ye L, Zhang X G, et al. Effects of expandable graphite and ammonium polyphosphate on the flame-retardant and mechanical properties of rigid polyurethane foams [J]. Journal of Applied Polymer Science, 2009, 114 (2): 853-863.

[55] Ye L, Meng X Y, Ji X, et al. Synthesis and characterization of expandable graphite-poly (methyl methacrylate) composite particles and their application to flame retardation of rigid polyurethane foams [J]. Polymer Degradation and Stability, 2009, 94 (6): 971-979.

[56] Bian X C, Tang J H, Li Z M, et al. Dependence of flame-retardant properties on density of expandable graphite filled rigid polyurethane foam [J]. Journal of Applied Polymer Science, 2007, 104 (5): 3347-3355.

[57] Hu X M, Wang D M. Enhanced fire behavior of rigid polyurethane foam by intumescent flame re-

tardants [J]. Journal of Applied Polymer Science, 2013, 129 (1): 238-246.

[58] Li A, Yang D D, Li H N, et al. Flame-retardant and mechanical properties of rigid polyurethane foam/MRP/Mg(OH)₂/GF/HGB composites [J]. Journal of Applied Polymer Science, 2018, 135 (31): 46551.

[59] Cao Z J, Dong X, Fu T, et al. Coated vs. naked red phosphorus: A comparative study on their fire retardancy and smoke suppression for rigid polyurethane foams [J]. Polymer Degradation and Stability, 2017, 136: 103-111.

[60] Xu W, Wang G J, Zheng X R. Research on highly flame-retardant rigid PU foams by combination of nanostructured additives and phosphorus flame retardants [J]. Polymer Degradation and Stability, 2015, 111: 142-150.

[61] Xu W Z, Liu L, Wang S Q, et al. Synergistic effect of expandable graphite and aluminum hypophosphite on flame-retardant properties of rigid polyurethane foam [J]. Journal of Applied Polymer Science, 2015, 132 (47): 42842.

[62] Cui Y, Liu X L, Tian Y M, et al. Controllable synthesis of three kinds of zinc borates and flame retardant properties in polyurethane foam [J]. Colloids and Surfaces A: Physicochemical and Engineering Aspects, 2012, 414: 274-280.

[63] Modesti M, Lorenzetti A, Besco S, et al. Synergism between flame retardant and modified layered silicate on thermal stability and fire behavior of polyurethane nanocomposite foams [J]. Polymer Degradation and Stability, 2008, 93 (12): 2166-2171.

[64] Thirumal M, Khastgir D, Nando G B, et al. Halogen-free flame retardant PUF: Effect of melamine compounds on mechanical, thermal and flame retardant properties [J]. Polymer Degradation and Stability, 2010, 95 (6): 1138-1145.

[65] Ye L, Meng X Y, Liu X M, et al. Flame-retardant and mechanical properties of high-density rigid polyurethane foams filled with decabrominated dipheny ethane and expandable graphite [J]. Journal of Applied Polymer Science, 2009, 111 (5): 2372-2380.

[66] Harper, Jack R. Flame retardant rigid polyurethane syntactic foam [P]. US4082702. 1978-04-04.

[67] Denecker C, Liggat J J, Snape C E. Relationship between the thermal degradation chemistry and flammability of commercial flexible polyurethane foams [J]. Journal of Applied Polymer Science, 2006, 100 (4): 3024-3033.

[68] 史以俊, 罗振扬, 何明, 等. 含磷阻燃剂对聚氨酯硬泡燃烧特性影响的研究 [J]. 聚氨酯工业, 2009, 24 (5): 23-25.

[69] Thirumal M, Singha N K, Khastgir D, et al. Halogen-free flame retardant rigid polyurethane

foams: Effect of alumina trihydrate and triphenylphosphate on theproperties of polyurethane foams [J]. Journal of Applied Polymer Science, 2010, 116 (4): 2260-2268.

[70] Li Y, Zou J, Zhou S T, et al. Effect of Expandable Graphite Particle Size on the Flame Retardant, Mechanical, and Thermal Properties of Water-Blown Semi-Rigid Polyurethane Foam [J]. Journal of Applied Polymer Science, 2014, 131 (3): 39885.

[71] 钱立军. 新型阻燃剂制造与应用 [M]. 北京: 化学工业出版社, 2012: 96-112.

[72] Wang Z Z, Li X Y. Mechanical properties and flame retardancy of rigid polyurethane foams containing SiO$_2$ nanospheres/graphene oxide hybrid and dimethyl methylphosphonate [J]. Polymer-Plastics Technology and Engineering, 2018, 57 (9): 884-892.

[73] Zheng X R, Wang G J, Xu W. Roles of organically-modified montmorillonite and phosphorous flame retardant during the combustion of rigid polyurethane foam [J]. Polymer Degradation and Stability, 2014, 101: 32-39.

[74] Liu D Y, Zhao B, Wang J S, et al. Flame retardation and thermal stability of novel phosphoramide/expandable graphite in rigid polyurethane foam [J]. Journal of Applied Polymer Science, 2018, 135 (27): 46434.

[75] Qian L J, Feng F F, Tang S. Bi-phase flame-retardant effect of hexa-phenoxy- cyclotriphosphazene on rigid polyurethane foams containing expandable graphite [J]. Polymer, 2014, 55: 95-101.

[76] Yang R, Wang B, Han X F, et al. Synthesis and characterization of flame retardant rigid polyurethane foam based on a reactive flame retardant containing phosphazene and cyclophosphonate [J]. Polymer Degradation and Stability, 2017, 144: 62-69.

[77] Liu S, Fang Z P, Yan H Q, et al. Superior flame retardancy of epoxy resin by the combined addition of graphene nanosheets and DOPO [J]. RSC Advances, 2016, 6 (7): 5288-5295.

[78] Liu Y L, He J Y, Yang R J. The preparation and properties of flame-retardant polyisocyanurate-polyurethane foams based on two DOPO derivatives [J]. Journal of Fire Sciences, 2016, 34 (5): 431-444.

[79] Gaan S, Liang S Y, Mispreuve H, et al. Flame retardant flexible polyurethane foams from novel DOPO-phosphonamidate additives [J]. Polymer Degradation and Stability, 2015, 113: 180-188.

[80] Zhang M, Luo Z Y, Zhang J W. Effects of a novel phosphorus-nitrogen flame retardant on rosin-based rigid polyurethane foams [J]. Polymer Degradation and Stability, 2015, 120: 427-434.

[81] Yang R, Hu W T, Xu L, et al. Synthesis, mechanical properties and fire behaviors of rigid polyurethane foam with a reactive flame retardant containing phosphazene and phosphate [J]. Polymer Degradation and Stability, 2015, 122: 102-109.

[82] Yuan Y, Yang H Y, Yu B, et al. Phosphorus and nitrogen-containing polyols: synergistic effect

on the thermal property and flame retardancy of rigid polyurethane foam composites [J]. Industrial & Engineering Chemistry Research, 2016, 55 (41): 10813-10822.

[83] Wang X L, Yang K K, Wang Y Z. Physical and chemical effects of diethyl *N*,*N*-diethanolaminomethylphosphate on flame retardancy of rigid polyurethane foam [J]. Journal of Applied Polymer Science, 2001, 82 (2): 276-282.

[84] Zatorski W, Brzozowski Z K, Kolbrecki A. New Developments in Chemical Modification of Fire-safe Rigid Polyurethane Foams [J]. Polymer Degradation and Stability, 2008, 93 (11): 2071-2076.

[85] Chen-Yang Y W, Yuan C Y, Li C H, et al. Preparation and characterization of novel flame retardant (aliphatic phosphate) cyclotriphosphazene-containing polyurethanes [J]. Journal of Applied Polymer Science, 2003, 90 (5): 1357-1364.

[86] Yuan C Y, Chen S Y, Tsai C H, et al. Thermally stable and flame-retardant aromatic phosphate and cyclotriphosphazene-containing polyurethanes: synthesis and properties [J]. Polymers for Advanced Technologies, 2005, 16 (5): 393-399.

[87] Heinen M, Gerbase A E, Petzhold C L. Vegetable oil-based rigid polyurethanes and phosphorylated flame retardants derived from epoxydized soybean oil [J]. Polymer Degradation and Stability, 2014, 108: 76-86.

[88] Kim Y S, Davis R, Cain A A, et al. Development of layer-by-layer assembled carbon nanofiber-filled coatings to reduce polyurethane foam flammability [J]. Polymer, 2011, 52 (13): 2847-2855.

[89] 胡华昌. 轻质隔墙板：中国，94200907. X [P]. 1994-01-05.

[90] 马全，胡玉海，逢忠强. 一种六面包覆型阻燃聚氨酯保温复合板：中国，201220017493. 6 [P]. 2012-01-16.

第2章 二元体系阻燃硬质聚氨酯泡沫的行为与机理

近年来，许多科研机构与企业花费大量的精力在提升聚氨酯泡沫材料的阻燃性能上。由于环境问题日益严峻，越来越多的无卤阻燃剂被广泛关注。可膨胀石墨（EG）是一种高效的无机添加型阻燃剂，在凝聚相中发挥着优异的阻燃作用，这是由于 EG 片层中含有浓硫酸，在受热的过程中浓硫酸能够与碳反应生成水、二氧化碳和二氧化硫，促使 EG 产生爆米花效应，在较短的时间内迅速膨胀，生成蠕虫状炭层，覆盖在聚合物的基体表面起到隔绝热量的作用，从而被广泛应用于阻燃聚氨酯泡沫材料中。一些科研小组已经研究了不同尺寸的 EG 颗粒及添加不同质量分数时对 RPUF 阻燃性能的影响。在一些文献中也报道了由 EG 和其他组分所组成的可适用于 RPUF 的阻燃体系。然而，为了使基体能够获取更优异的阻燃性能而添加大量的 EG，不仅导致发泡过程困难，而且会恶化基体的力学性能和导热性能。

本书通过采用石墨与其他无卤阻燃剂复合的阻燃体系，进一步提高了阻燃剂的阻燃效果，也提高了 RPUF 的力学性能，并降低了热导率。本章系统地研究了双组分阻燃 RPUF 的阻燃性能和物理性能，并论述了双组分提效阻燃硬质聚氨酯泡沫材料的行为规律和机理。

2.1 可膨胀石墨与甲基膦酸二甲酯的两相协同阻燃行为

为了降低 EG 在 RPUF 中的应用比例，提高硬质聚氨酯泡沫原料加工过程中的流动性，本节将 EG 与液体膦酸酯 DMMP 复合使用，实现了降低物料黏度、提高阻燃效果的作用，并发现 EG 与膦酸酯之间存在两相协同阻燃效应。本节将系统介绍这一阻燃体系的实施方法和实施效果。

2.1.1　阻燃硬质聚氨酯泡沫的制备

根据表 2.1 和表 2.2 所示配方，采用箱式发泡法分别制备纯 RPUF 和 DMMP/EG 填充的 RPUF。以纯 RPUF 的制备为例。首先，常温下将表 2.1 中组分 A 的所有原料在电动搅拌器的作用下混合、搅拌，直到获得均一的混合物；然后，将组分 B 加入到上述均匀混合物中继续高速搅拌 20s；紧接着，迅速将混合物倒入 250mm×250mm×60mm 的开口纸箱中进行发泡；最后，将泡沫放在烘箱中恒温 70℃保持 30min 以加速熟化过程。使用相同的方法制备 DMMP/EG 填充的 RPUF。唯一的不同是发泡前阻燃剂 DMMP 与 EG 要按照表 2.2 中的比例先添加到组分 A 中。发泡结束后，将试样从箱体中取出，并根据相应的标准制成理想的形状与尺寸以便于不同性能的测试与表征。复合材料中 DMMP 与 EG 添加的总质量分数范围从 0 到 16%，即依次为 0、8%、10%、12%、14%、16%。此外，双组分阻燃 RPUF 中 DMMP 与 EG 的质量分数比例为 1∶4，这在前期研究工作中已被证实为最佳比例。在这里，为了进一步阐明 DMMP 与 EG 在 RPUF 中的协同效应，还分别制备了 10%DMMP 填充的 RPUF（记为试样 Fa）、10%EG 填充的 RPUF（记为试样 Fb）、12% DMMP 填充的 RPUF（记为试样 Fc）及 12%EG 填充的 RPUF（记为试样 Fd）。

表 2.1　RPUF 的基础配方　　　　　　　　单位：g

组分 A							组分 B
450L	KAc	Am-1	DMCHA	141b	水	匀泡剂	PAPI
72.00	0.36	0.36	1.44	14.40	0.90	2.70	108.00

表 2.2　RPUF 中阻燃剂的配方

试样	F0	F1	F2	F3	F4	F5	Fa	Fb	Fc	Fd
FR 含量/%	0	8	10	12	14	16	10	10	12	12
DMMP/g	0	3.49	4.46	5.47	6.52	7.63	22.32	0	27.36	0
EG/g	0	13.97	17.86	21.89	26.06	30.53	0	22.32	0	27.36

2.1.2 DMMP/EG 两相协同阻燃硬质聚氨酯泡沫的行为与机理

2.1.2.1 热稳定性

图 2.1 显示了所研究试样相对应的热失重（TGA）曲线。不含阻燃剂的试样 F0 具有三个明显的热分解阶段。在第一阶段 100～110℃，由于来自试样的水分蒸发，试样产生一些质量损失，大约为 1.7%；第二阶段的热降解过程发生在 110～250℃之间，质量损失约为 6.5%，这一过程很可能对应于氨基甲酸乙酯键的断裂；第三阶段 250～550℃，是主要的聚氨酯热降解气化过程，且在 320℃时质量损失速率达到最大值。由于 RPUF 的热解聚和解聚后的热分解反应释放一些气态产物，这一阶段的质量损失约为 79.0%。随后试样 F0 在550～700℃之间呈现出一个缓慢的热分解速率。最终，在 700℃时仅留下12.8% 的残炭。

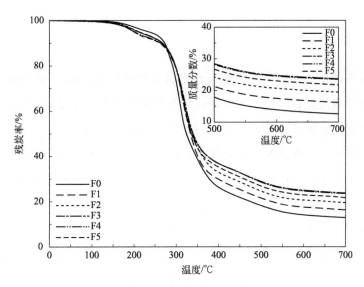

图 2.1　试样 F0～F5 的 TGA 曲线

与试样 F0 相比，其他的试样 F1～F5 具有一个明显相似的热分解趋势。但是，仍可以观察到 F0 和 F1～F5 之间两个不同之处。第一个不同之处在于F1～F5 在第一个热降解阶段 120～250℃之间产生了更多的质量损失，这应归因于阻燃剂 DMMP 的挥发和热解，因为它的沸点仅仅为 181℃，极易挥发。DMMP 能够释放含磷的片段并在气相中有效发挥作用。与此同时，DMMP 分解的磷酸衍生物仍可能存在于基体中，并继续在凝聚相中起到一些阻燃效果。第二个不同之处在于 250～550℃ 温度范围内的降解速率。显然，在这一降解过程试样 F1～F5 的降解速率要慢于纯试样 F0 的速率，这是阻燃剂 DMMP 和 EG 综合的分解行为造成的，包括 DMMP 的蒸发作用或分解作用和 EG 的高热稳定性。另外，在于 700℃ 时残炭率随着 DMMP/EG 质量分数的增加而逐步提高。当然，基体中 EG 含量的增加是导致残炭率提高的主要原因。EG 是一种热稳定的材料，且在低于 700℃ 时几乎不减少它的质量，而是仅仅变成膨胀的蠕虫状的炭层。这种炭层可充当一种有效的炭质绝热阻隔层，从而防止外部的热量和空气渗透到下面的基材中。基本上，残炭率是随着阻燃剂 DMMP/EG 的增加而提高的。但 EG 具有一个相当大的粒径，导致在基体中存在宏观均相而微观分散非均相的现象。因此，试样 F3～F5 的残炭率测试结果存在一些波动。

2.1.2.2　LOI 测试

LOI 测试是一种用于评估聚合物材料阻燃性能的简单又重要的方法。因此，可通过测试含有不同添加质量分数阻燃剂 DMMP/EG 的 RPUF 试样的极限氧指数值，来研究 DMMP/EG 对 RPUF 阻燃行为的影响。

图 2.2 阐述了含有不同质量分数 DMMP/EG 的 RPUF 的 LOI 值。值得注意的是，LOI 值从纯试样 F0 的 19.2% 急剧提高到含 DMMP/EG 质量分数 8% 的试样 F1 的 27.0%。紧接着，试样 F1～F5 的 LOI 值随着基体中阻燃剂质量分数的增加而继续提高，直到 33.0%。不难看出，LOI 值与基体中阻燃剂添加的质量分数之间存在着线性关系。这揭示阻燃剂的添加质量分数是影响试样阻燃性能的唯一因素，阻燃剂与基体之间没有协同效应。

选取质量分数比例为 1/4 的 DMMP/EG 复配阻燃剂体系。原因在于我们确定 DMMP 与 EG 之间存在协同效应，这一比例是最佳比例，能够表现出明显的阻燃协同效应。为了清晰地解释它，标记了两组试样的 LOI 值。如图 2.2 所示，一组包括含 10%DMMP/EG（质量分数比例为 1/4）的试样 F2，含

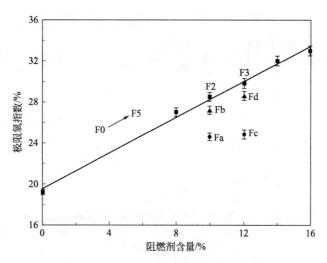

图 2.2 RPUF 的 LOI 值及它们的拟合曲线

10%DMMP 的试样 Fa，含 10%EG 的试样 Fb；另一组包括含 12%DMMP/EG（同上）的试样 F3，含 12%DMMP 的试样 Fc，含 12%EG 的试样 Fd。显然，试样 Fa 和 Fb 相应的 LOI 值分别为 24.6% 和 27.2%，均明显低于试样 F2 的值。同时，Fc 的 24.9% 和 Fd 的 28.6% 也均低于试样 F3 的值。因此，可证实阻燃剂 DMMP 和 EG 在 RPUF 中具有协同效应。当二者以某一确定比例同时应用在基体中时，基体至少能够拥有较高的 LOI 值。

此外，由于 DMMP 的气化或分解温度约为 181℃，它能够释放气态的含磷的碎片，这些碎片可以抑制火焰的强度，从而呈现出气相阻燃机理。然而 EG 能够促进 RPUF 大体积残炭的形成，表现出凝聚相阻燃机理。因此，可得出，RPUF 的高 LOI 值应归因于阻燃剂间的协同效应，主要由 DMMP 的气相阻燃作用、EG 的凝聚相阻燃作用以及可能的 DMMP 的凝聚相阻燃作用组成。

2.1.2.3 锥形量热仪测试

众所周知，锥形量热仪测试能够获取一些可用于评估火灾安全的燃烧参数，包括点燃时间（TTI）、热释放速率（HRR）、热释放速率峰值（PHRR）、总热释放量（THR）、总烟释放量（TSR）、CO 产率（Av-COY）等。图 2.3 和表 2.3 列出了锥形量热仪测试所得到的有关 RPUF 的这些参数。

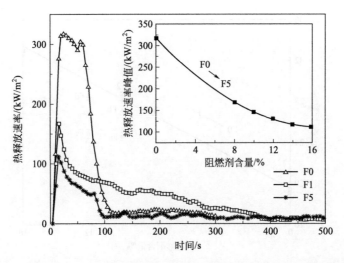

图 2.3　试样 F0、F1 和 F5 的 HRR 曲线及试样 F0~F5 的拟合 PHRR 曲线

表 2.3　锥形量热仪测试 RPUF 所得到的参数

试样	PHRR /(kW/m²)	Av-HRR /(kW/m²)	THR /(MJ/m²)	TSR /(m²/m²)	Av-COY /(kg/kg)
F0	317	84.9	25.1	955	87.9
F1	168	60.9	21.2	540	16.7
F2	146	57.3	21.5	437	20.6
F3	134	55.5	20.5	390	22.6
F4	119	49.4	18.0	287	24.6
F5	111	27.7	10.6	581	21.0
Fa	230	73.0	21.8	1169	27.6
Fb	169	58.4	22.8	288	19.2

　　首先，为了使 HRR 曲线更清晰，以试样 F0、F1 和 F5 为例进行说明。从图 2.3 不难看出，试样的点燃时间均相当短暂，且燃烧后它们的热释放速率迅速上升到最大值，这主要是因为 RPUF 的多孔细胞状结构增加了基体与氧气的表面接触面积。但更为重要的是，随着 RPUF 中 DMMP/EG 含量的增加，试样的热释放速率峰值（PHRR）按照 F0 到 F5 的次序出现显著的降低。试样 F5 中 DMMP/EG 的质量分数达到 16％时，其 PHRR 值比试样 F0 降低 64.9％。相应地，表 2.3 中显示平均热释放速率（Av-HRR）和 THR 值也分

别大幅降低 67.4% 和 57.8%。结合 LOI 和 TGA 得到的结果，可以推断出 DMMP 和 EG 能够降低 RPUF 的 PHRR、HRR 和 THR 的原因。一方面，DMMP 会在基体燃烧前气化或分解，进而在气相中产生能够猝灭基体热降解生成的可燃烷基和羟基自由基的 PO·自由基。这样，DMMP 在气相中能够一定程度地抑制基体燃烧的剧烈强度。它是降低 RPUF 的 PHRR、HRR 和 THR 的一个关键因素。另一方面，受热后 EG 的体积快速增加。基体燃烧初期，疏松多孔蠕虫状的炭层不仅能够充当一种极佳的隔热屏障，而且能够抑制来自泡沫热降解的可燃气体的产生，这可以有效控制 RPUF 的进一步热氧降解。它是降低 HRR 的另一个关键因素。所有结果表明，DMMP/EG 体系可抑制燃烧过程的热量释放，削弱 RPUF 燃烧的热降解强度，这样就给 RPUF 基体带来了优异的阻燃效果。

其次，作为一种极具潜力的建筑材料，RPUF 的 TSR 和 Av-COY 也是评价防火性能的重要因素。如表 2.3 所示，由于 DMMP/EG 的存在，TSR 和 Av-COY 的值均明显降低。原因是阻燃剂 DMMP 能促使较大的 RPUF 裂解碎片的成炭，而这些裂解片段是烟的主要成分。膨胀后石墨所形成的膨胀残炭能够过滤或吸收那些可成炭的碎片，这样 TSR 值就显著降低了。相应地，更多的裂解碎片保留在残炭中，更少的碎片在火焰中燃烧，从而释放较少的 CO。这就是 Av-COY 值降低的原因。此外，TSR 从试样 F0 到 F4 逐步降低，但是试样 F5 的 TSR 突然增加。经推断，基体中更多的 DMMP 抑制了含裂解基体碎片的气体的燃烧，对应地，裂解碎片经历不完全燃烧，这样在气相中形成了较高的烟浓度。当然，试样 F5 的 TSR 值仍远低于试样 F0 的值。烟和 CO 均是对人的生命构成危险的火灾因素。因此，它们的减少有利于降低 RPUF 材料的烟毒性能。

最后，为了揭示 RPUF 燃烧过程中 DMMP 和 EG 的阻燃协同效应，对试样 Fa、Fb 和 F2 进行了锥形量热仪测试，相应的 HRR 曲线如图 2.4 所示。可以看到，尽管试样中阻燃剂添加的质量分数相同，但是 Fa 和 Fb 的 PHRR 值均高于 F2 的值，而仍远低于纯试样 F0 的值。因此，可以认为阻燃 PU 燃烧期间 DMMP 和 EG 能够有效地弥补相互之间的缺陷。特别是当来自 DMMP 的气相阻燃作用与来自 EG 的凝聚相阻燃作用以某一确定比例结合时，DMMP/EG

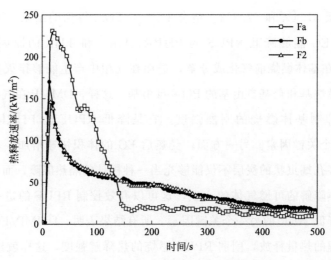

图 2.4 试样 Fa、Fb 和 F2 的 HRR 曲线

体系可表现出明显的两相协同效应，这一结论与 LOI 结果相一致。

2.1.2.4 DMMP 的 Py-GC/MS 分析

为了阐明 DMMP 的作用机理，利用热解气相色谱质谱联用仪（Py-GC/MS）研究了 DMMP 的分解过程。裂解温度设定为 500℃，此温度下 DMMP 能完全分解。图 2.5 选取了典型的带有一些特征离子峰的碎片流。根据 DMMP 的结构，不难推断每个碎片的相应结构。首先，在 m/z 为 124 处的峰

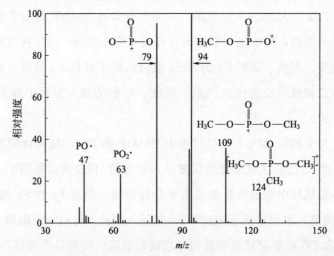

图 2.5 DMMP 的 Py-GC/MS 谱图及典型的 m/z 峰所对应的结构

应该是 DMMP 的分子离子峰，因为 DMMP 的分子量是 124。其次，由于甲基的逐步断裂与脱除，在 m/z 为 124、109、94 和 79 处形成了间隔均为 15 的碎片。最后，在 m/z 为 63 和 47 处观察到两个与众不同的特征离子峰，分别对应 $PO_2 \cdot$ 和 $PO \cdot$ 自由基。根据上述分析，DMMP 的分解路线见图 2.6 所示。因此，这有力地证实了 RPUF 燃烧过程中 DMMP 在气相中扮演着重要的角色，主要是因为 DMMP 产生的 $PO_2 \cdot$ 和 $PO \cdot$ 自由基能够猝灭基体生成的可燃活性自由基并抑制基体的燃烧强度。

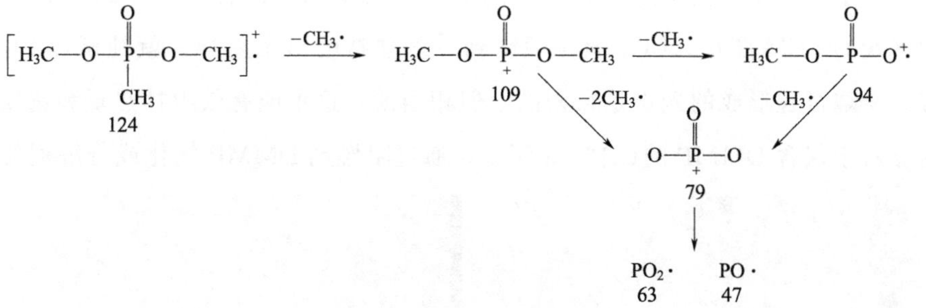

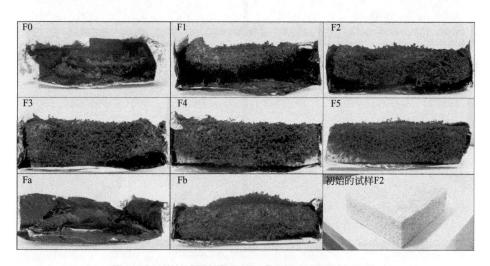

图 2.6　DMMP 的分解路线

2.1.2.5　残炭照片分析

锥形量热仪测试后所有试样的残炭照片及初始的试样 F2 照片如图 2.7 所

图 2.7　所有试样的残炭照片及初始的试样 F2 照片

示。初始的试样 F2 照片说明试样整体上是均一的，即 EG 在 RPUF 中分散良好。从图 2.7 看出，对于试样 F0 和 Fa，仅有少量卷曲的残炭剩下，这意味着纯 RPUF 在较高温度下将会完全降解，且 DMMP 没有明显地促进成炭效应，它主要在气相中发挥阻燃作用。但是试样 F1～F5 及试样 Fb 的残炭与上述情况是不同的，它们残留了大量的炭，这说明在 RPUF 中 EG 促使了疏松蠕虫状膨胀的石墨炭层的形成。这种炭层能够有效抑制热量传播以至于一些基体材料仍能保留在试样 F4 和 F5 的残炭中。

为了进一步证实上述的推论，图 2.8 列出了来自试样 F0、F2、Fa 与 Fb 的残炭的 SEM 照片，明显地能观察到一些独特的形态差异。就纯试样 F0 而言，燃烧过程形成的残炭是致密的，但相当薄，这不能有效阻挡热量和物质传递。对于仅含 DMMP 的试样 Fa 而言，通过阻燃剂 DMMP 气化或分解促使磷

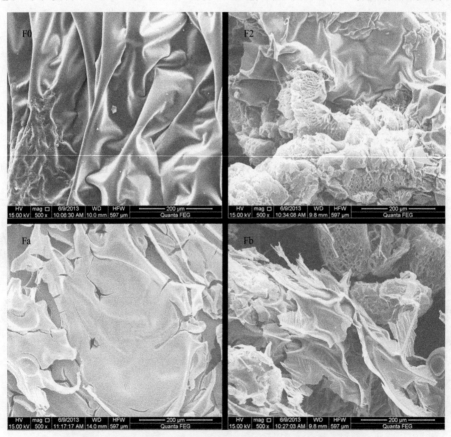

图 2.8　试样 F0、F2、Fa 与 Fb 燃烧后残炭的 SEM 照片

酸类似物的形成和气态产物的释放，从而产生了一种厚但多孔洞的炭质层。像这样的炭层在一定程度上能够担当阻隔屏障。就仅含 EG 的试样 Fb 来说，可以明显地发现，蠕虫状膨胀石墨的缝隙间填充有大量的不完整的薄片状残炭。事实上，试样 Fb 的优异阻燃性能应主要归因于 EG 对基体表面热量与氧气的阻隔效应。与试样 F0、Fa、Fb 的残炭相比，试样 F2 的炭层由蠕虫状的石墨和完整且致密的残炭组成，这样的炭层要优于试样 Fb 的结构。换言之，试样 F2 的炭层弥补了试样 Fa 和 Fb 在凝聚相上的不足。

因此，综合来自 TGA、LOI 测试与锥形量热仪测试的结果，可以得出 DMMP 和 EG 可分别在气相和凝聚相中产生阻燃作用，而且当 DMMP 的气相作用与 EG 的凝聚相作用调整为某一合适比例时，二者的阻燃作用将会得到协同增强。

2.1.2.6　DMMP 和 EG 的两相协同阻燃机理

图 2.9 所示是 DMMP 和 EG 的两相协同阻燃机理。前面提到，当阻燃 RPUF 被点燃或加热到降解时，试样中的 DMMP 将会挥发和分解，从而形成气态的 PO·碎片。与此同时，RPUF 基体也开始降解并释放可燃的烷基自由基。如果没有添加阻燃剂，基体将剧烈燃烧。但是由于 DMMP 的存在，它的

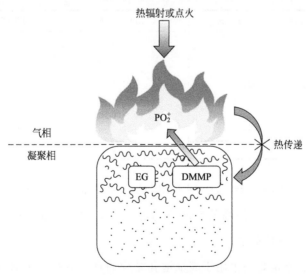

图 2.9　DMMP 和 EG 的两相协同阻燃机理

分解产物 PO·碎片对可燃自由基来说是极好的猝灭剂，基体的燃烧强度将会被快速控制在一个较低的水平内。当然，DMMP 很可能产生一些磷酸类物质来促进成炭，但它主要是在气相中发挥阻燃作用。另外，受热的 EG 开始膨胀并填充已降解基体所形成的空隙。相应地，EG 从燃烧过程吸收一些能量，进一步形成疏松的蠕虫状的膨胀石墨炭层，这种炭层具有优异的隔热性能，并能够抑制火焰中热量的传递与传导，进而将基体与热量隔绝开，降低或阻止了基体的降解。疏松且膨胀的石墨炭层也有能力来过滤或吸收更大的可燃性碎片，这样就减少了可燃基体的数量并降低了燃烧强度。此外，LOI、锥形量热仪和残炭照片的结果可以说明二者的阻燃作用相结合要明显优于 DMMP 或 EG 单独使用时的阻燃作用。DMMP/EG 阻燃体系不仅降低了燃烧强度，而且抑制了对基体的热反馈，进而降低了基体的热降解速率。所有的阻燃作用结合在一起产生了更好的阻燃效果。因此，可以确信 DMMP 和 EG 阻燃体系具有气相-凝聚相两相协同效应。

2.1.2.7 物理性能

相关试样的物理性能如热导率、开孔/闭孔率和表观密度列于表 2.4 中。

表 2.4 试样的物理性能

试样	热导率/[W/(m·K)]	闭孔率/%	表观密度/(kg/m³)
F0	0.020	85.4	36.0
F1	0.021	85.6	39.1
F2	0.021	87.2	41.0
F3	0.022	87.4	47.2
F4	0.021	86.3	43.6
F5	0.022	87.5	46.3

从表 2.4 中可以看出，DMMP/EG 的添加使基体的热导率出现轻微的提高，但是试样的热导率提高的幅度不超过 10%，这很可能是因为 DMMP/EG 的热导率要高于基体的值。

开孔/闭孔率也是一个用于表征泡孔结构的重要参数，对 RPUF 的使用性能具有深远的影响。它不仅能揭示发泡性能，而且能用于评估材料的隔热性能和吸水性能。随着 DMMP/EG 的添加，阻燃试样 F1~F5 的闭孔率与试样 F0 相比，仅有微小的提高，这意味着阻燃体系将不会妨碍发泡过程。这对于保持 RPUF 的加工性能和使用性能是非常重要的。

表观密度在 RPUF 的使用性能上是一个非常重要的因素。通常，泡沫密度取决于发泡速率。在 RPUF 的制备期间，EG 是唯一的固体填料，无疑会增加发泡的密度。当然，所有阻燃试样的表观密度均低于 47.2kg/m³。

2.1.3 小结

综上所述，DMMP/EG 体系能够线性提高试样的 LOI 值，从纯 RPUF 的 19.2% 提高到含阻燃剂质量分数 16% 的 RPUF 的 33.0%。DMMP/EG 体系也能显著增加残炭率，并降低 PHRR、HRR、THR、TSR 和 Av-COY 值。所有性能均应归因于 EG 和 DMMP 的两相阻燃协同效应。阻燃剂 DMMP 主要分解成气态的 PO·碎片，这些碎片能够抑制基体降解产生可燃烷基自由基的自由基链式反应。因此 DMMP 在气相中表现出较好的阻燃作用。在燃烧初期，阻燃剂 EG 迅速膨胀并形成疏松蠕虫状的膨胀石墨炭层，因而能够阻挡热量传递到内部的基体中，并降低基体的降解速率。EG 在凝聚相中表现出优异的阻燃作用。通过两种阻燃作用以某一确定的比例结合，DMMP/EG 体系比 DMMP 或 EG 单独使用时发挥更优异的气相-凝聚相两相协同效应。

2.2 六苯氧基环三磷腈与可膨胀石墨的两相协同阻燃效应

根据我们的研究与相关的文献报道，纯 RPUF 泡沫的热释放速率峰值几乎都高于 300kW/m²。因此，降低 PU 泡沫的燃烧速率和 PHRR 将有助于其阻燃性能的提高。

鉴于 EG 能够在凝聚相中赋予 RPUF 泡沫优异的阻燃性能，可结合另一种能在气相中起作用的阻燃剂，通过两相协同效应获得具有更优异阻燃性能的 RPUF 材料。本节将六苯氧基环三磷腈（HPCP）与 EG 混合，然后制备阻燃 RPUF 材料。论述了 HPCP/EG 的两相协同阻燃 RPUF 的行为规律和作用机理。

2.2.1 HPCP/EG 两相阻燃硬质聚氨酯泡沫材料的成分

表 2.5 为 HPCP/EG 两相阻燃 RPUF 的成分。

表 2.5 HPCP/EG 两相阻燃 RPUF 的成分

试样		RPUF	PU/10%EG	PU/10%EG/5%HPCP	PU/10%EG/10%HPCP	PU/10%EG/15%HPCP
组成	EG/%	0	10	10	10	10
	HPCP/%	0	0	5	10	15
450L/g		72.0	72.0	72.0	72.0	72.0
PZ-550/g		28.0	28.0	28.0	28.0	28.0
SD-623/g		2.7	2.7	2.7	2.7	2.7
水/g		0.9	0.9	0.9	0.9	0.9
KAc/g		0.4	0.4	0.4	0.4	0.4
Am-1/g		0.4	0.4	0.4	0.4	0.4
DMCHA/g		1.5	1.5	1.5	1.5	1.5
141b/g		14.4	14.4	14.4	14.4	14.4
EG/g		0	26.7	28.2	30.0	32.0
HPCP/g		0	0	14.1	30.0	48.0
PAPI/g		120	120	120	120	120

2.2.2 HPCP/EG 两相协同阻燃硬质聚氨酯泡沫材料的行为与机理

2.2.2.1 阻燃性能

本节采用极限氧指数测试与锥形量热仪测试表征了试样的阻燃性能。表 2.6 和图 2.10 列出了相关的数据。

表 2.6 试样的阻燃性能

试样	LOI/%	PHRR/(kW/m²)	THR/(MJ/m²)	TSR/(m²/m²)	有效燃烧热(EHC)峰值/(MJ/kg)
RPUF	23.3	304.9	19.8	1166.4	74.9
PU/10%EG	31.2	141.0	23.1	491.4	71.3
PU/10%EG/5%HPCP	33.0	141.7	24.8	400.9	65.6
PU/10%EG/10%HPCP	33.3	118.6	11.3	632.2	40.0
PU/10%EG/15%HPCP	33.3	88.5	7.4	639.9	39.9

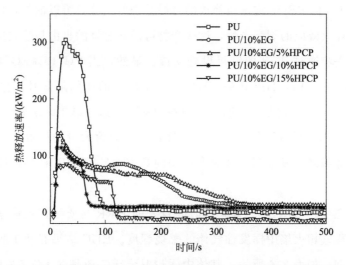

图 2.10　锥形量热仪测试在热流量 50kW/m² 下得到的 HRR 曲线

锥形量热仪测试结果系统反映了 RPUF 的阻燃性能。如图 2.10 所示，试样点燃后 HRR 显著提高并立即达到燃烧强度的最大值。纯 RPUF 泡沫的 PHRR 高达 304.9kW/m²，然而对于 PU/10％EG 相应的值仅为 141.0kW/m²。结果证实燃烧过程中 EG 对热量和氧气产生的阻隔作用能够有效削弱基体的燃烧强度。更重要的是，RPUF 泡沫的 PHRR 随着 HPCP 的含量增加而持续降低。当基体中 HPCP 的质量分数达到 15％时，PHRR 值降低到 88.5kW/m²，该值比纯 RPUF 泡沫的低 71.0％，比 PU/10％EG 的低 37.2％。这些结果明显揭示，HPCP 可显著抑制 RPUF 泡沫的燃烧强度并减慢火焰的传播速度，这对消防安全具有特定的现实意义。

材料的火灾隐患取决于热危险与烟毒危险。因此，THR 与 TSR 是评价材料火灾隐患的两个重要参数。如表 2.6 所示，PU/10％EG 与 PU/10％EG/5％HPCP 的 THR 值均高于纯 PU 泡沫的相应值。尽管 10％EG 与 10％EG/5％HPCP 能明显降低 RPUF 泡沫的 PHRR 值，但它们也延长了试样热量释放的持续时间。这样，10％EG 或 10％EG/5％HPCP 仅仅降低了燃烧强度，使热量释放更缓和，但不会减少基体产生的可燃产物的数量。然而，当 RPUF 泡沫中 HPCP 的含量增加到 10％和 15％时，与纯 RPUF 泡沫相比，THR 和 TSR 进一步急剧降低。上述结果表明，足量的 HPCP 可有效低燃烧强度，并减少含 EG 的 RPUF 泡沫所释放的可燃的裂解组分。可以推断，HPCP 能够生成具有猝灭效应的裂解产物，这些产物可破坏燃烧的自由基链式反应。这一推断可进一步通过 TSR 的结果得到支撑。显然，当 PU/10％EG/10％HPCP 与 PU/10％EG/15％HPCP 的 THR 以一个较大的比例降低时，它们的 TSR 却增加大约 50％，这是一个明显且剧烈的提高。这一结果暗示着 TSR 的增加应归因于 HPCP 的猝灭效应抑制了燃烧过程，导致大量的裂解片段留在释放的气体中并最终形成浓烟。这两个典型的数据意味着 HPCP 对燃烧过程的猝灭效应。

有效燃烧热（EHC），即某个时间点处的 HRR 与质量损失速率的比，衡量燃烧过程气相火焰中挥发性气体的燃烧程度。EHC 结果有助于厘清阻燃剂的作用机理。如表 2.6 所示，基体中无论是含 EG 还是含 EG/5％HPCP，均能使 RPUF 泡沫的 EHC 峰值轻微降低。然而，当向 RPUF 泡沫添加更多的 HPCP 时，EHC 峰值降低的幅度可超过 30％。这一事实表明，尽管相同数量的基体分解成气态产物，但较多 HPCP 的存在能够更好地阻止燃烧及热量的释放。借此可推断，HPCP 生成的一些产物能够猝灭基体产生大量的可燃自由基，并抑制初始释放的可燃组分燃烧。这样，EHC 的变化规律与 THR 和 TSR 数据的分析结果是相一致的。

来自锥形量热仪测试的质量损失数据同样能说明燃烧过程中试样的降解行为。在 50s 处，所有试样的剧烈燃烧强度开始变低。对于纯 PU 泡沫，由于缺少 EG 和 HPCP，它的质量迅速减少，对应的残留质量比仅仅为 32.5％。与纯 RPUF 泡沫相比，PU/10％EG 具有较高的残留质量比，为 77.1％。且在 HPCP 的存在下，该值会进一步提高。随着基体中 HPCP 质量分数的增加，在 50s 处的残留质量比逐渐上升到 84.4％。之所以 50s 处的残留质量比会增加，是因为高温下 HPCP 能与 RPUF 基体和 EG 相互作用，并形成富磷的黏滞的炭层。可以推断，来自 HPCP 和基体的黏滞炭层能够附着在膨胀的石墨的表面，充当对外界热量与氧气的屏障。在燃烧过程中增强的炭层将在凝聚相中发挥更优异的阻燃性能。在接下来的讨论中将会提供更进一步的证据。

除了锥形量热仪测试外，LOI 也是一种典型的阻燃性能测试。通过表 2.6 可以看到，纯 RPUF 泡沫的 LOI 值是 23.3％，引入 10％的 EG 后该值提高到

31.2％。这一提高应归因于 EG 在高温下能立即膨胀并形成蠕虫状隔热层以阻碍热量转移。实验结果也证实了 EG 是一种有效的适用于 RPUF 泡沫的阻燃剂。基于这些结果，实验继续向基体中按次序添加 5％、10％、15％的 HPCP。可以清晰地发现，三组含 HPCP 的 RPUF 泡沫的 LOI 值从 33.0％小幅提高到 33.3％，但均高于 PU/10％EG 的 LOI 值。也就是说，HPCP 的添加可轻微提高试样的 LOI 值，但更多的 HPCP 不会更进一步提高 LOI 值。

可以确信 HPCP 能提高含 EG 的 RPUF 泡沫的阻燃效果，RPUF 阻燃性能的提高得益于燃烧过程 HPCP 裂解产物的猝灭效应。

2.2.2.2 HPCP 的 Py-GC/MS 分析

为了解释 HPCP 能够提高含 EG 的 PU 泡沫阻燃性能的原因，本节给出了阻燃剂 HPCP 的分解过程。HPCP 在高温下分解，利用 GC/MS 检测裂解过程中的特征碎片。裂解温度设定为 500℃，在此温度下 HPCP 能彻底分解。选取带有一些特征离子峰的典型碎片流，其结果如图 2.11 所示。由于 HPCP 具有一个相对简单的结构，由磷腈环和苯氧基组成，这意味着 HPCP 的裂解过程是不会很繁杂的。首先，在 m/z 为 94 处发现一个强的分子离子峰。根据 HPCP 的结构和可能的碎片，可以断定在 m/z 为 94 处的碎片结构为苯酚，是 HPCP 生成的苯氧基自由基与基体生成的氢自由基结合的产物。接着，苯酚进

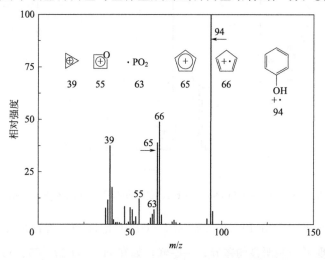

图 2.11　HPCP 的 Py-GC/MS 谱图及典型的 m/z 峰所对应的化学结构

一步分解生成新的碎片，包括 m/z 为 66 的 C_5H_6，m/z 为 39 的 C_3H_3，和 m/z 为 55 的 C_3H_3O。m/z 为 63 的碎片离子峰可以确定为 $PO_2 \cdot$ 自由基。在裂解过程中，观察到了主要的特征离子峰。这些峰可支撑 HPCP 对 PU/EG 泡沫阻燃效果的分析。

2.2.2.3 RPUF 泡沫的 Py-GC/MS 分析

为了确定 HPCP 在气相中的阻燃行为，本节进一步分析了 RPUF 和 PU/10％EG/10％HPCP 泡沫的 Py-GC/MS 谱图。它们的两种典型的碎片流如图 2.12 所示，且在 GC 谱图中的保留时间几乎相同。

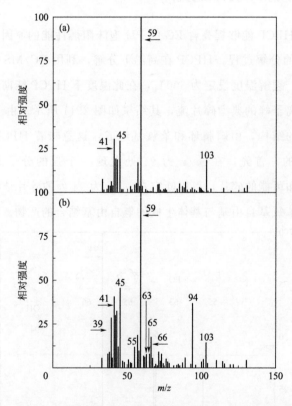

图 2.12　RPUF（a）与 PU/10％EG/10％HPCP（b）的 Py-GC/MS 谱图

显然，在 RPUF 和 PU/10％EG/10％HPCP 泡沫中，就特征碎片离子峰而言，实验发现了一些明显的差异。一些峰，如在 m/z 为 39、55、63、65、66 和 94 处，曾在 HPCP 的 Py-GC/MS 谱图上出现过，现在再次出现在 PU/10％

EG/10％HPCP 泡沫的 Py-GC/MS 谱图上。然而，在 RPUF 泡沫的谱图上并没有这些峰。结合 HPCP 的 Py-GC/MS 谱图的分析结果，可以证实在 PU/10％EG/10％HPCP 泡沫的燃烧过程中 HPCP 仍能产生苯氧基和 PO_2·。RPUF 泡沫燃烧强度的降低是由于苯氧基和 PO_2· 对可燃自由基氢和羟基的猝灭作用，紧接着在气相中抑制了燃烧的自由基链式反应，进而削弱了燃烧强度。这样，HPCP 的阻燃效果应归功于它作为可燃自由基的猝灭剂的功能。

2.2.2.4　残炭的 SEM-EDX 分析

EG 通常主要通过膨胀型炭质层的形成来赋予 RPUF 泡沫阻燃效果，这种炭质层在一定程度上可防止热量和氧气渗透到内部的基体中，并抑制基体产生的可燃气态组分扩散到外界。而 HPCP 的阻燃作用，本节则采用 SEM-EDX 分析锥形量热仪测试后残炭的微观形态与元素组成。以 RPUF、PU/10％EG 与 PU/10％EG/10％HPCP 泡沫为例，分析了它们的残炭的致密性和炭层的元素组成与含量。

首先，通过直接观察，就残炭的强度来说，PU/10％EG/10％HPCP 泡沫的炭层要强于 PU/10％EG 泡沫。其次是致密性，PU/10％EG/10％HPCP 泡沫也明显优于 RPUF 和 PU/10％EG 泡沫。这些观察结果证明 HPCP 不仅在气相中有作用，在凝聚相也有一些作用。最后，纯 RPUF 泡沫残炭的表面有许多大小不均匀的孔洞，这在一定程度上会削弱其对热量与物质转移的阻隔作用，如图 2.13(a) 所示。最后，图 2.14 所展示的 SEM 照片对 PU/10％EG 与 PU/10％EG/10％HPCP 进行了相关的比较。两组试样中 EG 形成的残炭均被炭层所包覆，这种炭层是由基体完全燃烧后生成的。进行包覆后在很大程度上能够加强 EG 对外界热量与氧气的阻隔效应。如图 2.13(b) 所示，没有 HPCP，在 PU/10％EG 泡沫的残炭中，膨胀的石墨表面有一个相当薄的炭层；含有 HPCP，如图 2.13(c) 所示，在 PU/10％EG/10％HPCP 泡沫的残炭中，大部分膨胀的石墨表面覆盖着一个厚的炭质层，且石墨间隙也填充有厚的残炭物质。这一观察结果揭示了含 EG 与 HPCP 的 PU 泡沫比只含 EG 的 RPUF 泡沫具有更好阻燃性能的原因。即 HPCP 也在凝聚相中发挥了阻燃作用。

为了进一步确定来自 HPCP 的凝聚相作用，采用 EDX 检测了上述三组试

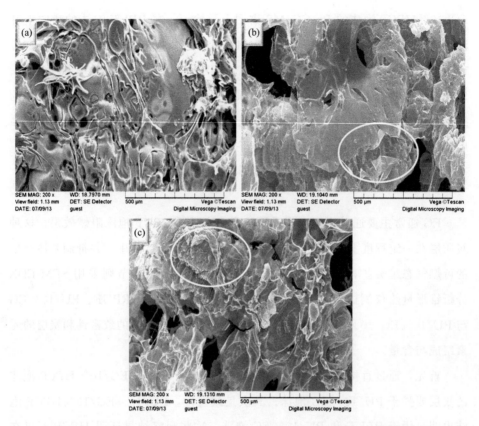

图 2.13 RPUF (a)、PU/10%EG (b) 与 PU/10%EG/10%HPCP (c)
泡沫残炭的 SEM 照片

样残炭的元素组成与含量。图 2.14 与表 2.7 给出了 EDX 的相关数据。必须指出，在 PU 泡沫制备的过程中使用了一种含磷元素的多元醇 PZ-550。磷元素存在于所有试样的残炭中。在这里，为了确保数据的可靠性，对于每一个试样，实验选取了五个不同的区域来检测残炭的元素组成与含量，然后计算元素含量的平均值，最后将主要的元素及相应的含量列于表 2.7 中。PU/10%EG与 PU/10%EG/10%HPCP 泡沫的碳含量要明显高于纯 RPUF 泡沫的值，这表明在 EG 和 HPCP 的存在下大量不燃且稳定的残炭物质保留在残留物中。与 PU/10%EG 泡沫相比，PU/10%EG/10%HPCP 泡沫具有更高的磷含量，在残炭中约占总量的 5.88%。可以确认，在燃烧过程中，RPUF 泡沫 HPCP 中的部分磷结合氧生成了多聚磷酸盐及它们的相关类似物。这些类似物覆盖在

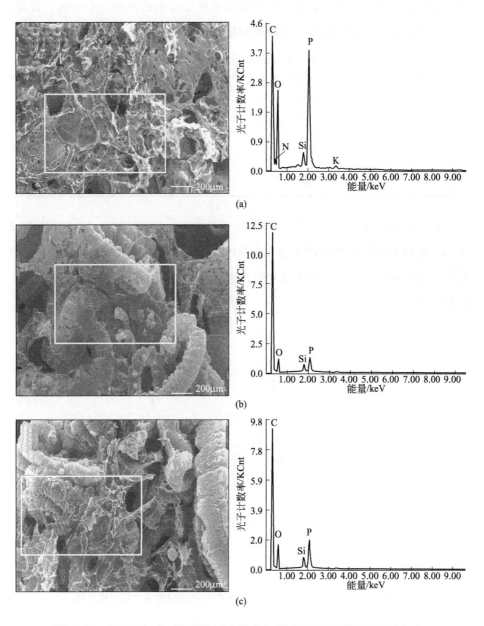

图 2.14 RPUF（a）、PU/10%EG（b）与 PU/10%EG/10%HPCP（c）

泡沫残炭的 EDX 分析

炭层的表面,能够有效地保护内部的基体不再进一步燃烧。而且,HPCP 促进了富磷残炭的形成,这与表 2.7 中由残留质量比得出的推断完全一致。这样,HPCP 也能对含 EG 的 RPUF 泡沫的凝聚相发挥阻燃作用。

表 2.7　残炭的元素组成与含量　单位:%(质量分数)

元素	RPUF	PU/10%EG	PU/10%EG/10%HPCP
C	54.13	82.73	76.45
N	8.56	0	0
O	25.62	12.46	16.43
P	10.25	3.73	5.88

依据对 Py-GC/MS 和 SEM-EDX 结果的分析,可以得出,HPCP 能在气相与凝聚相中同时发挥阻燃作用。当 RPUF 泡沫燃烧期间两种效果同时起作用时,基体材料可以获得更优异的阻燃性能。图 2.15 展现了两相阻燃效果及阻燃机理。

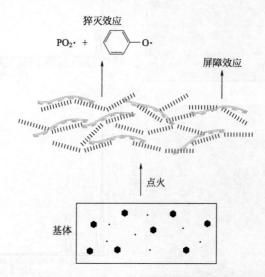

图 2.15　HPCP/EG 在 RPUF 泡沫中的两相阻燃效果及作用机理

2.2.3　小结

与纯 RPUF 和 PU/EG 泡沫相比,PU/EG/HPCP 泡沫表现出优异的阻燃性能。在 PU/EG 泡沫中添加 HPCP 不仅能显著降低 PHRR，而且也能明显降低 THR 和 TSR。HPCP 还能提高阻燃 RPUF 泡沫的 LOI 值。PU/EG/HPCP 泡沫的所有阻燃性能应归因于 HPCP 的两相阻燃作用。燃烧过程中，HPCP 分解并释放出苯氧基和 PO_2·自由基。这些自由基可猝灭基体产生的可燃自由基（如·H 和·OH），从而抑制燃烧的链式反应并降低 RPUF 泡沫的燃烧强度。裂解过程中来自 HPCP 的磷元素也可以与来自 RPUF 基体和膨胀石墨的降解产物反应，形成一个强而致密的炭层，从而提高残炭的阻隔效应。这样，HPCP 的两相阻燃作用就提高了 PU/EG/HPCP 基体的阻燃性能。

2.3 N, N-二羟乙基氨基甲基膦酸二甲酯与可膨胀石墨的加合阻燃效应

前两节双组分阻燃体系揭示了两相阻燃机理，接下来的两节内容将系统讲述 EG 和磷（膦）酸酯的加合阻燃效应。本节选取了反应型液体阻燃剂 BH 与 EG 进行复合应用于阻燃 RPUF。

BH 是一种液体反应型无卤阻燃剂，其结构式如图 2.16 所示，它能有效地接枝在聚氨酯的主链及侧链上发挥持久的有效阻燃作用，不易迁移，稳定性强。单独使用时，替换部分聚醚多元醇，当其添加量为 18% 时，其 LOI 值仅提高到 24.3%。这一数值并不能满足实际使用的条件。为了进一步解决单一固相阻燃剂或液态阻燃剂所带来的加工方面及物理性能方面的影响，本节所述实验试图将两种阻燃剂结合使用，一方面能够降低体系的加工黏度，另一方面固相的加入能够有效地提升泡沫材料的尺寸稳定性，将两者的优点进行互相补充，构建具有高效阻燃作用的 RPUF 材料，总结了其阻燃体系的阻燃性能和保温性能的量效关系，剖析 BH 复配 EG 的加合阻燃机理。

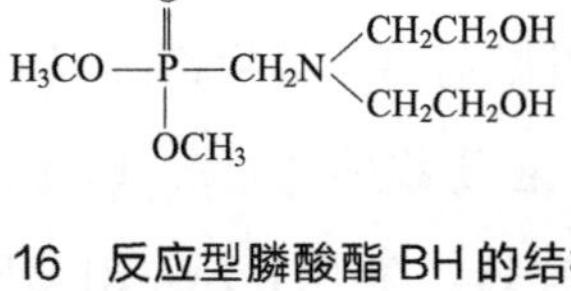

$$H_3CO-\overset{\overset{O}{\|}}{P}-CH_2N\overset{CH_2CH_2OH}{\underset{CH_2CH_2OH}{}}$$
$$\underset{OCH_3}{}$$

图 2.16　反应型膦酸酯 BH 的结构式

2.3.1　BH/EG 加合阻燃硬质聚氨酯泡沫材料配方

BH/EG 加合阻燃硬质聚氨酯泡沫材料的配方如表 2.8 所示。

表 2.8　阻燃硬质聚氨酯泡沫材料的配方　　　　　单位：g

样品	DSU-450L	SD-622	H₂O	催化剂	HCFC-141b	BH	EG	PAPI
纯 RPUF	72.0	2.7	0.9	2.52	14.4	—	—	108
8%EG/RPUF	72.0	2.7	0.9	2.52	14.4	—	17.4	108
18%BH/RPUF	36.0	2.7	0.9	2.52	14.4	36.0	—	108
8%EG/10%BH/RPUF	47.0	2.7	0.9	2.52	14.4	23.5	18.0	108
8%EG/12%BH/RPUF	44.4	2.7	0.9	2.52	14.4	26.4	17.6	108
8%EG/14%BH/RPUF	39.0	2.7	0.9	2.52	14.4	31.0	17.4	108
8%EG/16%BH/RPUF	36.0	2.7	0.9	2.52	14.4	33.8	17.0	108
8%EG/18%BH/RPUF	31.4	2.7	0.9	2.52	14.4	38.0	17.2	108

2.3.2　BH/EG 加合阻燃硬质聚氨酯泡沫的行为与机理

2.3.2.1　阻燃性能测试

通过 LOI 测试了 BH/EG/RPUF 阻燃体系的燃烧行为。保持 EG 的质量分数不变，同时通过调整 BH 的含量来寻求高效复配阻燃泡沫材料。

通过对阻燃硬质聚氨酯泡沫材料的极限氧指数（LOI）测试结果分析（图 2.17 和表 2.9），纯 RPUF 的 LOI 值为 19.4%，而添加 8%EG 后，RPUF 的 LOI 值上升到了 24.3%。由于过多的添加固体阻燃剂，会影响泡沫的发泡性能与加工性能，所以在不影响聚氨酯泡沫的加工性能的同时，适当地添加 EG 也会较好地提升 RPUF 的阻燃性能。基于这一点，保持 EG 的添加量为 8%恒定不变，利用反应型液体阻燃剂 BH 替换部分聚醚多元醇来制备阻燃 RPUF。替换后的 BH 分别占总质量分数的 10%、12%、14%、16%、18%。从图 2.17 与表 2.9 能够明显地看到，在 BH/EG/RPUF 阻燃体系中，随着 BH 的

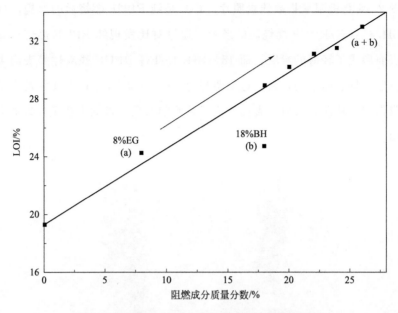

图 2.17　阻燃 RPUF 试样的极限氧指数测试曲线

含量增加，LOI 值从 29.0％提升到 30％以上。而当 BH 与 EG 添加比例为
18：8时，LOI 值达到 33％。将 18％BH 与 8％EG 分别添加到 RPUF 中，LOI
值分别为 24.7％与 24.3％。这一结果揭示了 BH/EG/RPUF 阻燃体系中，BH
与 EG 的单独添加并不能赋予材料较为优异的阻燃性能，若将两者结合起来使
用，却能发挥着加合阻燃的作用，从而赋予材料较高的极限氧指数。

表 2.9　阻燃 RPUFs 锥形量热仪测试结果

样品	LOI /%	PHRR /(kW/m²)	Av-EHC /(MJ/kg)	THR /(MJ/m²)	TSR /(m²/m²)	Av-CO₂Y /(kg/kg)	Av-COY /(kg/kg)
纯 RPUF	19.4	322	22.2	27.4	902	2.53	0.24
8％EG/RPUF	24.3	140	16.6	18.4	407	2.14	0.15
18％BH/RPUF	24.7	140	11.1	12.7	1256	1.71	0.19
10％BH/8％EG/RPUF	29.0	126	16.3	18.6	566	2.42	0.23
12％BH/8％EG/RPUF	30.3	118	16.4	18.9	513	2.47	0.22
14％BH/8％EG/RPUF	31.2	113	16.4	19.2	534	2.37	0.23
16％BH/8％EG/RPUF	31.5	107	15.6	19.7	596	2.13	0.20
18％BH/8％EG/RPUF	33.0	108	15.9	21.0	599	2.17	0.19

图 2.18 是极限氧指数残炭照片，（a）是纯 RPUF 燃烧后的形貌，（b）是 18％BH/8％EG/RPUF 燃烧后的形貌。通过对比发现纯 RPUF 燃烧后发生收缩，表面形成了轻薄的炭层，而 18％BH/8％EG/RPUF 残炭样品表面生成蠕虫状炭层，且表面较为致密。这说明与纯 RPUF 相比，BH 与 EG 发生了紧密的黏附作用，从而在聚氨酯表面形成了致密的炭层，进而发挥了较好的火焰隔绝作用。

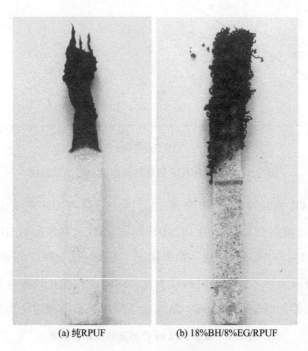

(a) 纯RPUF   (b) 18%BH/8%EG/RPUF

图 2.18　LOI 残炭照片

锥形量热仪测试能够准确地模拟考察火灾情况下材料的阻燃性，从而获得一些可用于评估火灾安全的性能参数，如热释放速率峰值（PHRR）、有效燃烧热（EHC）、总热释放量（THR）、总烟释放量（TSR）、平均一氧化碳和二氧化碳产率（Av-COY 和 Av-CO$_2$Y）等。图 2.19 为纯 RPUF 与阻燃 RPUF 试样的热释放速率曲线图，相关的锥形量热仪数据列在表 2.9 中。

图 2.19 选取了表 2.9 中的纯 RPUF、8％EG/RPUF、18％BH/RPUF 与 18％BH/8％EG/RPUF 作为所有样品的代表。从图 2.19 中的热释放速率曲线可以看出，纯 RPUF 样品在点燃后剧烈燃烧，并且热释放速率曲线在极短的

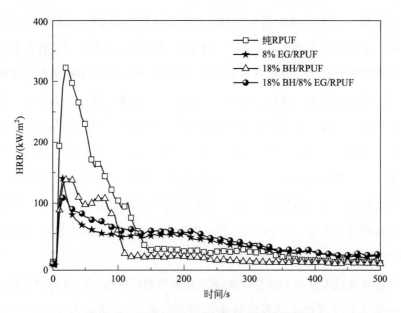

图 2.19 阻燃 RPUF 试样的热释放速率曲线

时间内达到了峰值 322kW/m²。而试样 8％EG/RPUF 的 PHRR 值仅达到 140kW/m²，并且能够明显地看出曲线达到峰值后缓慢地回到曲线的基线位置，这一现象说明膨胀后的 EG 能够在燃烧过程中缓慢地释放热量，显著降低基体树脂的燃烧强度。与之相对比，18％BH/RPUF 试样的 PHRR 值也为 140kW/m²，产生这一结果的原因可能是 BH 在燃烧过程中一方面受热分解，一方面产生猝灭作用，抑制火焰的燃烧强度；另一方面促进基体的成炭作用，从而降低了热释放速率峰值，进而发挥了阻燃的作用。

将 BH 与 EG 相结合使用发现两者共同作用于 RPUF，能够进一步降低 PHRR 值。当 BH 与 EG 的添加量为 18％BH 与 8％EG 时，阻燃体系的热释放速率峰值从纯 RPUF 的 322kW/m² 下降到 108kW/m²，比纯 RPUF 的 PHRR 下降了 66.5％，与 18％BH/RPUF 和 8％EG/RPUF 的 PHRR 相比下降了 32.9％。这一结果明显地揭示了 BH 与 EG 在共同作用于 RPUF 时，能够显著地降低热释放速率峰值，从而有效地抑制了燃烧强度，进而证明了 BH/EG/RPUF 阻燃体系发挥着加合阻燃作用。

可燃物燃烧时释放大量的有毒有害烟雾，往往是造成被困人员死亡的主要原因，因此总烟释放量（TSR）与总热释放量（THR）是衡量材料防火性能的关键参数。正如表 2.8 所示，18％BH/RPUF 样品的 THR 值低于所有试样，这一结果归因于两点，一方面 BH 在受热分解的过程中产生猝灭基团，在气相中发挥猝灭作用，终止自由基的链式反应。另一方面 BH 能促进基体的成炭作用，生成大量未完全燃烧的碎片。因此，大量未完全燃烧的基体碎片被释放到空气中，从而导致了较低的 THR 和较高的 TSR。将 BH 与 EG 共同添加到 RPUF 中时，阻燃体系的 TSR 却明显下降。这一现象可能归因于膨胀后的石墨在聚合物基体表面形成了一层网状结构，发挥了过滤吸附基体碎片的作用，从而降低了阻燃体系的 TSR。被吸附的基体炭层碎片通过进一步的充分燃烧释放热量，这是 18％BH/8％EG/RPUF 试样的 THR 高于 8％EG/RPUF 与 18％BH/RPUF 试样 THR 的主要原因。

通过质量损失速率的数据也能证实膨胀后的石墨炭层形成的网络对未完全燃烧的基体碎片所产生的吸收过滤作用。如图 2.20 所示为纯 RPUF 与阻燃 RPUF 试样的质量损失曲线，纯 RPUF 与 18％BH/RPUF 样品在燃烧初期快速失重，通过曲线的斜率能反映出在燃烧初期剧烈放热的过程。而加入 8％ EG 的阻燃体系能明显地看出失重曲线趋于平缓，燃烧的强度受到抑制，同时残炭率较纯 RPUF 与 18％BH/RPUF 有较大幅度的提升。当将 18％BH 与 8％

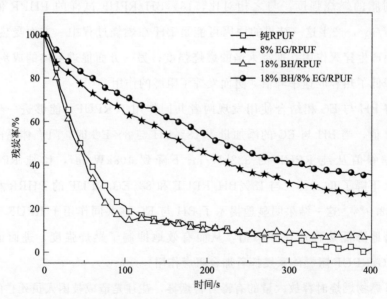

图 2.20　纯 RPUF 与阻燃 RPUF 试样的质量损失曲线

EG 结合使用共同作用于 RPUF 时，18％BH/8％EG/RPUF 残炭率相比于 8％ EG/RPUF 又进一步提升。这一结果充分说明了 BH 与 EG 对成炭性方面的贡献得益于产生的加合阻燃效应。此外，如果 BH 与 EG 的成炭效应可以通过定量来分析，那么可以更加清楚地论证 BH 与 EG 的阻燃行为。残炭的计算结果如图 2.21 所示。

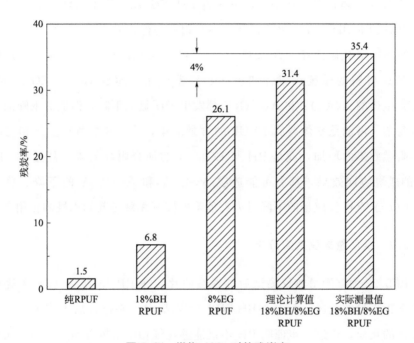

图 2.21　燃烧 400s 时的残炭率

图 2.21 是所有样品在进行锥形量热仪测试时燃烧 400s 时的残炭率柱状图。纯 RPUF 燃烧后的残炭率为 1.5％，18％BH/RPUF 样品的残炭率为 6.8％，相比于纯 RPUF，18％BH 对基体贡献的残炭率为 5.3％（6.8％－1.5％）。以此类推，8％EG 对基体残炭的贡献量为 24.6％，所以理论推测 18％BH/8％EG/RPUF 的残炭率为 31.4％（24.6％＋5.3％＋1.5％），但是实际测试结果发现，18％BH/8％EG/RPUF 的残炭率为 35.4％，高出理论推测结果 4％。通过以上计算结果发现 BH 与 EG 同时作用于 RPUF 时，对残炭的贡献量超越了两者的加合作用，进而从另一方面说明了 BH 与 EG 在成炭效应方面发挥了协同效应。

有效燃烧热（EHC）能够反映可燃物燃烧过程中挥发性组分在气相中的燃烧程度。在表 2.9 中可以明显地看到，18％BH/RPUF、8％EG/RPUF 与纯 RPUF 相比，分别减少了 71.6％与 74.8％。这一点揭示了 BH 与 EG 增强了 BH/EG 阻燃体系在燃烧过程中气相的火焰抑制作用。当 BH 与 EG 共同混合到 RPUF 中时，阻燃体系 BH/EG/RPUF 的 Av-EHC 值在 EG/RPUF 体系与 BH/RPUF 体系之间波动。这意味着 BH/EG/RPUF 阻燃体系的火焰抑制作用是分别由 BH 与 EG 火焰抑制作用互相平衡得到的。

平均一氧化碳产率（Av-COY）与平均二氧化碳产率（Av-CO$_2$Y）也是评价防火材料的重要因素。如表 2.9 数据所示，随着 BH 与 EG 的加入，RPUF 试样的 Av-COY 和 Av-CO$_2$Y 都发生了明显的下降，但造成下降的原因却很复杂。可能是基体树脂 RPUF 的含量减小，或 BH 分解产生气相与凝聚相的阻燃效果的增加，或是 BH 与 EG 产生的加合阻燃效果，甚至是 BH 与 EG 的成炭协同效果，都有可能造成 Av-COY 和 Av-CO$_2$Y 的下降。总而言之，CO 与 CO$_2$ 生成量的下降对火灾危险的抑制无疑是起到积极的作用。

2.3.2.2 锥形量热仪残炭分析

图 2.22 为锥形量热仪测试后的残炭照片。纯 RPUF 样品（a）燃烧后仅仅剩下很少量的残炭。而 18％BH/RPUF 样品（b）在燃烧后生成了较为致密且坚硬的炭层，这进一步证明 BH 不仅能够在气相中发挥着猝灭作用，而且能够在凝聚相中发挥一定的阻隔作用。与（a）和（b）相比，（c）和（d）样品则在燃烧后产生了更多的炭层。通过观察 8％EG/RPUF 样品的残炭表面发现，虽然 EG 产生较为厚实的蠕虫状炭层，并且能够有效地阻隔热量，进一步向基体内部传导，但是从整体炭层来看较为疏松。而样品（d）在燃烧后生成了较为完整致密的残炭，这是由于燃烧分解后的 BH 成分与膨胀后的 EG 能够发生有效的黏附作用，使得原本疏松的蠕虫状炭层变得坚固，从而提升炭层的完整与致密，提高残炭率。所以 RPUF 被赋予优异的阻燃性能，得益于 BH 与 EG 所形成的完整而致密的火焰抑制层，阻止热量从外向内进行传递。进一步证明了 BH 与 EG 产生的加合阻燃效应。

为了进一步探究 BH 与 EG 之间产生的加合阻燃效应，对三组锥形量热仪

(a) 纯RPUF   (b) 18%BH/RPUF

(c) 8%EG/RPUF   (d) 18%BH/8%EG/RPUF

图 2.22　锥形量热仪测试后的残炭照片

测试后的残炭样品进行了扫描电镜的测试。通过图 2.22，我们能观察到不同样品残炭微观形貌的差异。从图 2.23a1、a2 中能够明显地看到，纯 RPUF 的残炭表面产生很多较深的裂痕，残炭表面完整性很差，结构较为松散。而从 b1、b2 的照片中能够发现 18％BH/RPUF 试样的残炭生成很多空穴状的炭层结构。这些空穴状的结构是由于 BH 在受热分解的过程中产生了磷酸类物质，使得聚合物脱水炭化形成致密的炭层。另一方面是因为 BH 分解时含有猝灭作用的成分碎片从致密的炭层中被释放，从而在炭层表面留下了空穴状的形貌。与纯 RPUF 和 18％BH/RPUF 相比，18％BH/8％EG/RPUF 的残炭形貌较为完整与致密。这是由于疏松的 EG 膨胀后在聚合物残炭基体中形成类似骨架的网络结构，并与 BH 分解后产生的磷酸类物质黏附在一起，从而形成了坚硬且致密的火焰抑制层。BH 与 EG 共同促进炭层的完整性，使得聚合物基体被有效地保护，表现出了在燃烧过程中优异的凝聚相阻燃作用。

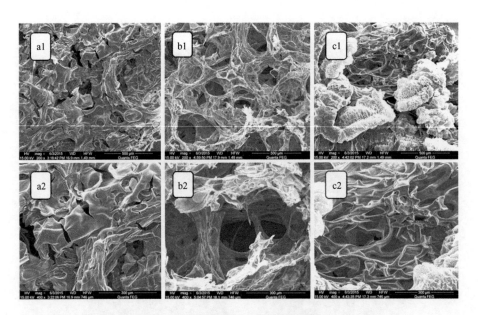

图 2.23　锥形量热仪残炭的电镜照片

纯 RPUF：a1（200×），a2（400×）；18％BH/RPUF：b1（200×），

b2（400×）；18％BH/8％EG/RPUF：c1（200×），c2（400×）

2.3.2.3　BH 的热裂解路径分析

为了进一步揭示 BH 燃烧过程中是如何与 EG 一起共同发挥阻燃作用，对

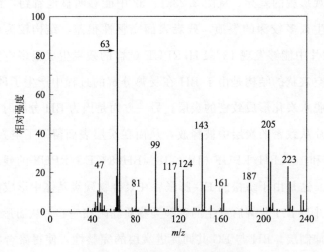

图 2.24　阻燃剂 BH 的质谱分析

BH 液体阻燃剂进行了气相色谱质谱的分析。BH 在 500℃ 的环境下发生裂解，裂解后的质谱分析图与具体的裂解路径如图 2.24 和图 2.25 所示。

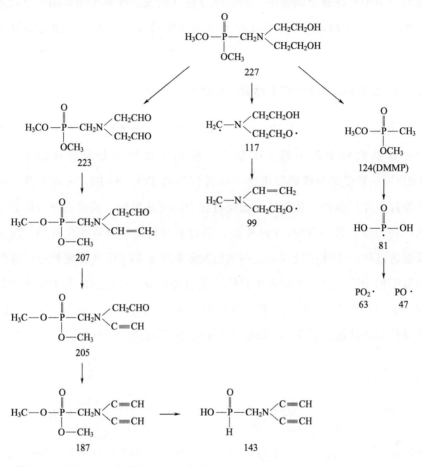

图 2.25　阻燃剂 BH 的裂解路径分析

通过图 2.24 与图 2.25 BH 的裂解路径综合分析，BH 在裂解的初期主要分解为三部分：含氮碎片（$m/z = 117$），含磷碎片（$m/z = 124$）和磷氮二醛碎片（$m/z = 223$）。其中，含磷碎片的结构是一种应用于 RPUF 的高效阻燃剂 DMMP。所以，依靠于 DMMP 以气相方式发挥阻燃作用，进而分解成 PO·（$m/z = 47$）和 PO$_2$·（$m/z = 63$），含有猝灭基团的自由基在基体中发挥着终止链式反应的作用。另外，含有磷氮二醛的碎片以裂解路径来看被保留在了凝聚相中，进一步分解形成更小的碎片（$m/z = 205$、187、143）与聚合物基体参与反应形成了坚固炭层的一部分。而含氮碎片含有羟基结构，能够与聚合物基体或酸反应，也形成炭层的一部分。从而说明了 BH 分子结构的产物一部分在凝聚相当中发挥着阻燃作用，另一部分在气相中发挥着猝灭作用。所以进一步证明了 BH 与 EG 赋予材料优异的阻燃性能得益于两者在气相与凝聚相的贡献。

2.3.2.4　BH/EG/RPUF 阻燃体系的阻燃机理分析

图 2.26 能够揭示 BH/EG/RPUF 阻燃体系的阻燃机理。BH 能够均匀地接枝在聚氨酯分子的主链及支链上，在燃烧过程中分解释放出 DMMP，DMMP 进一步受热分解释放出含有猝灭作用的 PO·和 PO$_2$·自由基，在气相中发挥着猝灭作用，从而终止燃烧过程中的链式反应，进而有效地抑制了火焰的燃烧强度。另一方面，BH 中的含磷含氮结构能够分解产生磷酸、醛类等物质促进基体产生致密炭层，这些炭层黏附膨胀后的 EG 在凝聚相中形成坚固并且致密的炭层，从而表现出优异的火焰阻隔效应。所以 BH 与 EG 结合起来应用于 RPUF 的阻燃效果优于单独添加，赋予了材料较为优异的防火性能。这优异的阻燃性能得益于 BH/EG 在气相与凝聚相的共同发挥。

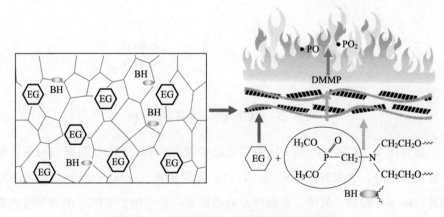

图 2.26　BH/EG/RPUF 阻燃体系的阻燃机理

2.3.2.5　物理性能分析

聚氨酯泡沫作为一种建筑保温材料，在满足阻燃性能的同时，必须要兼顾必要的物理性能。实验中所测试的物理性能包括热导率、压缩强度与表观密度，其结果列于表 2.10 中。

表 2.10　RPUF 样品的物理性能

样品	压缩强度/MPa	热导率/[W/(m·K)]	表观密度/(kg/m³)
纯 RPUF	0.20	0.025	35.2
8%EG/12%BH/RPUF	0.22	0.022	48.1
8%EG/14%BH/RPUF	0.23	0.021	50.4
8%EG/16%BH/RPUF	0.28	0.023	50.0
8%EG/18%BH/RPUF	0.25	0.023	49.6

从表 2.10 中数据可以看出随着 BH/EG 体系中 BH 含量的增加，热导率下降了大约 10%，这一结果有助于提升 RPUF 材料的保温性能。表观密度是泡沫保温材料应用的关键因素，在制备过程中加入 EG 会增加泡沫的密度，所以反映在数据上能够看出 BH/EG 体系比纯 RPUF 的表观密度高，平均密度为 50kg/m³ 左右，在满足阻燃性能的基础上也能满足其在工程上应用的条件，并且使得阻燃泡沫体系同时具有优异的加工性能，满足工程上所需的基本条件。

压缩强度是在 RPUF 中应用的力学性能。随着 BH/EG 的加入，压缩强度呈现明显上升的趋势，这一结果主要是由于混入固相 EG 的作用，压缩强度的上升带来了更好的力学性能，从而促进了 BH/EG/RPUF 阻燃体系在未来的应用前景。

以上三个参数的测量数据，表明了 BH/EG/RPUF 体系能够充分满足实际应用所需的全部条件。

2.3.3　小结

阻燃体系 BH/EG/RPUF 能够较好地应用于阻燃硬质聚氨酯泡沫材料。BH/EG 的加入能够明显地增加 LOI 值，降低热释放速率曲线峰值，减少质量损失速率，提高聚合物的成炭性，从而提高残炭量，获得较为优异的阻燃效果。由于 BH 能够有效地促进基体成炭，所以能够在燃烧过程中形成坚硬的炭层。EG 受热膨胀产生蠕虫状炭层，一方面能够形成网络结构，吸附过滤大的碎片，另一方面与 BH 分解后的产物发生黏附，进一步形成完整致密并且坚固的火焰阻隔层，从而发挥优异的凝聚相阻燃效应。BH 分解后释放出 DMMP 结构，DMMP 进一步分解产生的 PO·和 PO_2·自由基在气相当中发挥着优异的猝灭效应。所以，BH 与 EG 发挥着加合阻燃效应，共同赋予聚氨酯泡沫材料优异的阻燃特性。

2.4 环状膦酸酯与可膨胀石墨的加合阻燃效应

在之前的研究中，我们将反应型磷酸酯阻燃剂（BH）与可膨胀石墨（EG）应用在硬质聚氨酯泡沫材料中，发现了它们之间的加合阻燃效应。在本节中，采用添加型环状磷酸酯（EMD），结构式如图 2.27 所示，替代反应型磷酸酯，和 EG 共同应用于 RPUFs 中，探究两者之间是否仍然具有加合阻燃效应。对 EMD/EG/RPUF 体系的阻燃性能、阻燃机理及物理性能进行了相应地研究。除了对阻燃作用的研究，EMD/EG 体系还可以使用水作为发泡剂，从而得到一种环境友好的阻燃 RPUF 制备方法。

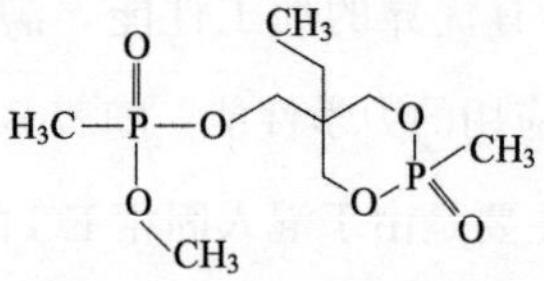

图 2.27　EMD 的化学结构式

2.4.1 EMD/EG 加合阻燃硬质聚氨酯泡沫的配方

EMD/EG 加合阻燃硬质聚氨酯泡沫的配方如表 2.11 所示。

表 2.11　RPUFs 样品的配方　　　　　　　　　单位：g

样品	450L/催化剂①/PAPI	阻燃剂		H_2O	141b
		EMD	EG		
RPUF	72/4.9/108	—	—	0.9	14.4
8%EG/RPUF	72/4.9/108	—	17.4	0.9	14.4
18%EMD/RPUF	72/4.9/108	40.6	—	—	—
18%EMD/8%EG/RPUF	72/4.9/108	45.0	20.0	—	—

① 催化剂为 KAc、Am-1、DMCHA、SD-622 的混合物，并且他们的添加比例为 0.4：0.4：1.4：2.7。

2.4.2 环状膦酸酯与可膨胀石墨的加合阻燃硬质聚氨酯泡沫的行为与机理

2.4.2.1 阻燃性能

用 LOI 和锥形量热仪测试了 EMD/EG/RPUFs 样品的阻燃性能。相关数据如表 2.12 所示。测量了添加不同阻燃剂之后的 RPUFs 的 LOI 值，研究了 EMD/EG 体系对 RPUFs 阻燃性能的影响。

表 2.12 LOI 测试和锥形量热仪测试结果

样品	LOI /%	PHRR /(kW /m²)	THR /(MJ /m²)	Av-EHC /(MJ /kg)	TSR /(m² /m²)	Av-COY /(kg /kg)	Av-CO₂Y /(kg /kg)	残炭率 400s/%
RPUF	19.6	357	31.3	24.5	1018	0.19	2.59	2.4
8%EG/RPUF	25.6	216	25.5	24.9	445	0.14	2.80	35.0
18%EMD/RPUF	25.3	304	25.7	18.4	1736	0.27	1.88	7.6
18%EMD/8%EG/RPUF	31.3	159	18.3	18.7	550	0.25	2.37	30.5

从表 2.12 中可以看出，纯 RPUF 的 LOI 值为 19.6%，在添加质量分数为 8% 的 EG 之后，LOI 值增加到 25.6%。这是因为 EG 的热膨胀在泡沫表面形成了一层蠕虫状的绝热层，以阻止热量和氧气的传递。在将另一种阻燃剂 EMD 添加到 EG/RPUF 体系后，样品 18%EMD/8%EG/RPUF 获得较高的 LOI 值 31.3%，而单独添加 8%EG 或 18%EMD 两种样品，其 LOI 值分别为 25.6% 和 25.3%。样品 18%EMD/8%EG/RPUF 与纯样的 LOI 差值大约等于样品 8%EG/RPUF 和 18%EMD/RPUF 分别与纯样的 LOI 差值之和，这意味着 EMD 和 EG 之间具有加合阻燃效应。

为了揭示 EMD/EG 体系的阻燃行为模式，采用锥形量热仪对 RPUFs 的燃烧行为进行了研究，从而获得了有关阻燃性和烟气释放行为的详细数据。样品纯 RPUF、8%EG/RPUF、18%EMD/RPUF 和 18%EMD/8%EG/RPUF 的热释放速率（HRR）曲线如图 2.28 所示，表 2.12 列出了锥形量热仪测试的其他典型参数，这些参数包括热释放速率峰值（PHRR）、总热释放量

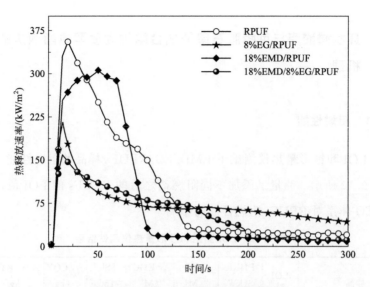

图 2.28 RPUFs 的热释放速率曲线

（THR）、平均有效燃烧热（Av-EHC）、总烟释放量（TSR）、平均一氧化碳产率（Av-COY）、平均二氧化碳产率（Av-CO$_2$Y）和 400s 时的残炭率。从图 2.28 和表 2.12 可以看出，所有样品的 HRR 在点燃后迅速达到最大值，即样品立即达到最大燃烧强度。纯 RPUF 样品的 PHRR 为 357kW/m^2，而样品 8%EG/RPUF 的 PHRR 值为 216kW/m^2。这一结果证实了 EG 产生的屏障效应降低了燃烧过程中基体的燃烧强度。此外，当在基体中同时添加 18% EMD 和 8% EG 时，18%EMD/8%EG/RPUF 样品的 PHRR 值继续下降到 159kW/m^2，与纯 RPUF 的 PHRR 值相比，下降了 55.5%，比 8%EG/RPUF 样品降低了 26.4%，比 18%EMD/RPUF 样品降低了 47.7%。这是由于 EG 和 EMD 共同抑制了燃烧过程中的燃烧强度，从而获得比单独添加 EMD 和 EG 时更好的火焰抑制效果。

THR 标志着总燃烧反应中热量的累积数量，而 Av-EHC 表示从基体中释放出的气体的燃烧程度。这两个典型参数均揭示了两种阻燃剂 EG 和 EMD 的阻燃作用结果。有趣的是，18%EMD/8%EG/RPUF 样品的 THR 数值相对于纯 RPUF 降低的数值几乎等于 8%EG/RPUF 和 18%EMD/RPUF 分别相对纯 RPUF 样品减少的 THR 数值之和；而 18% EMD/8% EG/RPUF 样品的 Av-EHC 值相对于纯 RPUF 降低的差值也几乎等于 8%EG/RPUF 和 18%

EMD/RPUF 样品相对于纯 RPUF 样品减少的数值之和，这一结果表明 EMD/EG 阻燃体系将 EMD 和 EG 各自对火焰的抑制作用加合到了一起。证实了 EG 和 EMD 二者之间的加合阻燃效应。这与 LOI 测试结果一致，表明 EMD/EG 体系通过加合阻燃效应明显抑制了聚氨酯材料的燃烧程度。

除了燃烧和热的危害，火灾还具有一些次级危害，比如有毒气体和烟雾的释放。因此，TSR、Av-COY 和 Av-CO$_2$Y 的数值是评价材料次级火灾危害的重要参数。18%EMD/RPUF 样品的 TSR 数值高于其他样品，这是由于 EMD 有效地终止了燃烧过程，导致大量不完全燃烧碎片的释放。而将 18%EMD 和 8%EG 同时添加到 RPUF 中，样品的 TSR 数值相比纯 RPUF 下降了约 46%。这是由于膨胀石墨炭层吸收或过滤了由 EMD 诱导产生的较大残留碎片，降低的 TSR 数值意味着较低的次级火灾危害。在 Av-COY 和 Av-CO$_2$Y 释放量中，EG 的加入导致 Av-COY 释放量降低，Av-CO$_2$Y 释放量增加，而 EMD 的加入则导致相反的结果。当 18%EMD 和 8%EG 同时添加到 RPUF 中，样品的 Av-COY 和 Av-CO$_2$Y 的释放量介于样品 8%EG/RPUF 和 18%EMD/RPUF 之间。这一结果进一步表明 EG 和 EMD 之间存在加合阻燃作用而不是协同阻燃作用。

锥形量热仪测试的质量损失数据揭示了基体的质量损失和成炭行为。锥形量热仪测试的归一化质量损失曲线如图 2.29 所示。从曲线的斜率来看，纯

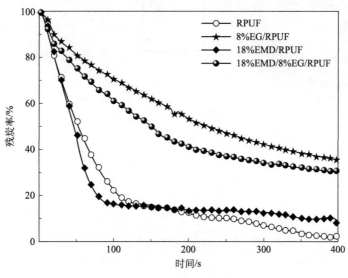

图 2.29 RPUFs 的质量损失曲线

RPUF 和 18％EMD/RPUF 样品失重速率较快，这意味着，在燃烧初期，基体燃烧剧烈，质量迅速下降。然而，当 RPUF 中加入 EG 时，8％EG/RPUF 和 18％EMD/8％EG/RPUF 样品的质量损失速率明显降低。在表 2.12 中，纯 RPUF 的残炭率仅为 2.4％，当添加 8％EG 时基体燃烧到 400s 的残炭量增加到 35.0％。根据质量损失速率曲线，18％ EMD 和 8％ EG 体系保留了 EG 的屏障保护作用，但由于 EMD 对 RPUF 基体没有明显的成炭作用，所以它们共同添加时并没有锁定更多的含炭成分。与此相反，18％EMD/8％EG/RPUF 样品的残炭率下降到 30.5％。结果表明，EG 和 EMD 并没有产生协同成炭效应。

2.4.2.2　锥形量热仪测试后的残炭形态分析

关于燃烧行为的进一步研究集中在锥形量热仪测试的残留物上。残炭的数码照片和 SEM 照片分别如图 2.30 和图 2.31 所示。从图 2.30 中可以看出，纯 RPUF 在燃烧后只留有少量残炭，18％EMD/RPUF 样品的残炭量也不是很

(a) RPUF　　　　　　　　　　(b) 8％EG/RPUF

(c) 18％EMD/RPUF　　　　　　(d) 18％EMD8％EG/RPUF

图 2.30　锥形量热仪测试后的残炭照片

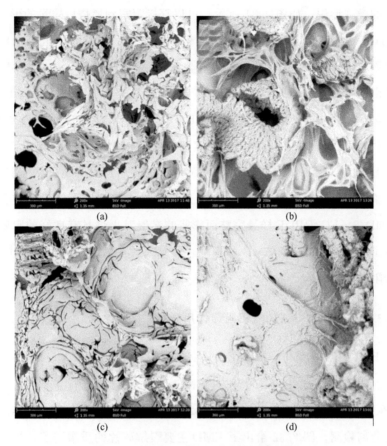

图2.31　锥形量热仪测试后残炭的扫描电镜照片

多，但相对紧密且坚硬。这揭示了EMD使炭层变得紧密。从图2.30(b)中可以清楚地看到，EG促进了8％EG/RPUF样品中松散蠕虫状膨胀石墨炭层的形成。图2.30(d)中的18％EMD/8％EG/RPUF样品的炭层由于EMD产生的残炭和EG产生的松散蠕虫状膨胀石墨的结合而变得相对紧密且完整。因此，18％EMD/8％EG/RPUF样品残炭不同于其他样品燃烧后的收缩形状，而是保持了基体的形状。同时，这些EMD/EG体系产生的复合炭层对火焰具有较好的阻隔作用，有助于降低燃烧的PHRR值。尽管EMD和EG的结合作用使残炭变得相对紧密，但总体上炭层仍然处于松散状态，膨胀石墨的松散状态可以促进含有EMD的残余物燃烧更加充分，导致质量损失曲线中残炭率下降。

通过对锥形量热仪测试后的样品残炭进行扫描电镜测试，进一步分析了这些残炭的微观形貌。如图 2.31 所示，可以直接观察到燃烧后残炭的形态差异。图 2.31(a) 中纯 RPUF 的炭层是破碎松散的，表明其对火焰阻隔作用微弱。对于仅添加 EMD 的样品 [图 2.30(c)]，燃烧后形成了比较完整但很薄的炭层，是由于阻燃剂 EMD 分解生成磷酸类物质，这类物质在一定程度上可以阻碍基体热量和物质的转移。在图 2.30(b) 中，8％EG/RPUF 样品的炭层呈现出蠕虫状的可膨胀石墨结构和一些破碎的片状结构。与 8％EG/RPUF 样品相比，18％EMD/8％EG/RPUF [图 2.30(d)] 的炭层形貌为蠕虫状膨胀石墨黏附在完整的炭层上，表明 EMD 分解的产物与蠕虫状膨胀石墨形成结合状态。18％EMD/8％EG/RPUF 样品完整而膨胀的炭层对火焰具有良好的阻隔作用，也减少了单独使用 EG 和 EMD 的不足，因此二者在燃烧过程中表现出凝聚相的加合阻燃效应。

2.4.2.3 EMD/EG 体系的气相阻燃作用分析

在 EMD/EG 体系中，因为 EG 只在凝聚相发挥作用，EMD 单独在气相发挥作用。因此，通过 Py-GC-MS 对 EMD 的分解过程进行了研究，揭示了 EMD 在气相中的作用机理。EMD 在 320℃开始裂解，通过 GC-MS 对裂解碎片进行分离检测。图 2.32 给出了 EMD 主要裂解碎片的质谱谱图，根据 EMD

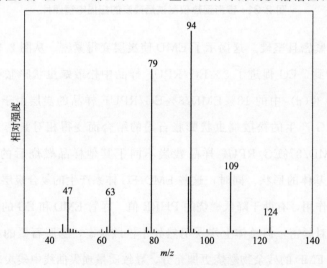

图 2.32 EMD 的 Py-GC/MS 分析

的结构，可以推导出相应的 EMD 分解的碎片结构。并对其进行分析后进而推断出 EMD 的裂解路线（图 2.33）。如图 2.32 和图 2.33 所示，EMD 分子首先分解为甲基膦酸二甲酯，其分子量为 124；其次，m/z 值在 109、94 和 79 的裂解碎片，碎片的间隔为 15，表明这些碎片是逐步分解形成的；而甲基和甲氧基的分离生成了两个明显的自由基：$\cdot PO(m/z=47)$ 和 $\cdot PO_2(m/z=63)$。作为主要的分解碎片，$\cdot PO_3$、$\cdot PO_2$ 和 $\cdot PO$ 都能有效地猝灭基体中的活性可燃自由基，抑制基体在气相的燃烧强度。这是 EMD 在气相中发挥优异阻燃作用的主要途径。

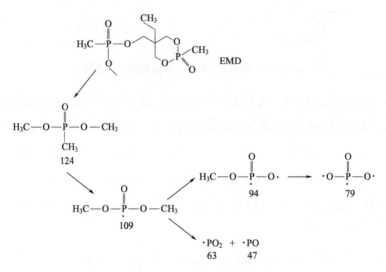

图 2.33　EMD 的裂解路线

2.4.2.4　EMD/EG 体系阻燃 RPUF 的阻燃机理

基于上述讨论，EMD 和 EG 体系在 RPUF 中的加合阻燃作用机理如图 2.34 所示。由于 EG 没有气相阻燃作用，而 EMD 主要通过释放 $\cdot PO_3$、$\cdot PO_2$ 和 $\cdot PO$ 自由基发挥气相阻燃作用。EMD 在气相中的阻燃效果也不受基体其他组分的影响。根据式（2.1）和式（2.2），EMD 的气相猝灭效应降低了样品的 THR 和 Av-EHC 值，并且提高了 LOI 值。EG 只是在凝聚相中发挥阻燃作用。通过 EG 的凝聚相屏障和保护作用，能使样品的 LOI 值得到有效提高，PHRR 值明显降低。EG/EMD 阻燃体系在 RPUF 中的 LOI 值方面的增

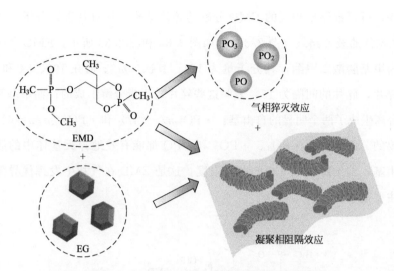

图 2.34　EMD 和 EG 的加合阻燃作用机理

强能力可以按照式（2.1）来计算。EG/EMD 体系对 PHRR 值抑制能力的提高，主要是由于膨胀石墨组分和富磷残炭的良好结合，形成相对紧密的炭层，从而发挥了更好的阻隔和保护作用。总的来说，根据前面讨论的结果，在燃烧过程中，EMD 和 EG 对 RPUF 基体表现出典型的加合阻燃效应。

$$\text{LOI}_{18\%\text{EMD}8\%\text{EG/RPUF}} \approx \text{LOI}_{8\%\text{EG/RPUF}} + (\text{LOI}_{18\%\text{EMD/RPUF}} - \text{LOI}_{\text{RPUF}})$$

$$(2.1)$$

$$\text{THR}_{18\%\text{EMD/8\%EG/RPUF}} \approx \text{THR}_{8\%\text{EG/RPUF}} - (\text{THR}_{18\%\text{EMD/RPUF}} - \text{THR}_{\text{RPUF}})$$

$$(2.2)$$

$$\text{Av-EHC}_{18\%\text{EMD/8\%EG/RPUF}} \approx \text{Av-EHC}_{8\%\text{EG/RPUF}} -$$

$$(2.3)$$

$$(\text{Av-EHC}_{18\%\text{EMD/RPUF}} - \text{Av-EHC}_{\text{RPUF}})$$

2.4.2.5　力学性能

硬质聚氨酯泡沫材料常被用作建筑外墙保温材料，因此材料的力学性能，包括压缩强度、热导率、表观密度等是非常关键的。因此，本文对 EMD 和 EG 体系阻燃硬质聚氨酯泡沫材料的力学性能进行了表征，结果如表 2.13 所示。从表 2.13 中明显可以看出，EMD 的添加提升了材料的压缩强度。这是由于 EMD 阻燃体系是采用全水发泡，水与异氰酸酯反应能够产生刚性分子，并且建立起一个贯穿聚氨基甲酸酯和异氰酸酯分子的网络结构。当 EMD 和 EG 共同添加到聚氨酯当中时，体系的压缩强度相对于纯 RPUF 有着一定程度的提升，但是相对于只添加 EMD 的材料则稍有降低。EMD/EG/RPUF 体系优异的力学性能使其拥有更加广阔的应用前景。

表 2.13　RPUFs 的力学性能

样品	压缩强度/MPa	表观密度/(kg/m³)	热导率/[W/(m·K)]
RPUF	0.28	46.48	0.022
8％EG/RPUF	0.26	47.40	0.023
18％EMD/RPUF	0.40	47.78	0.026
18％EMD8％EG/RPUF	0.30	44.81	0.025

表观密度是表征硬质聚氨酯泡沫材料的另一项重要指标。EMD 和 EG 的添加并没有明显影响材料的表观密度，仍保持在 $45kg/m^3$ 左右，这是工业应用中能够接受的范围。在表 2.13 中，EMD/EG 的添加导致 EMD/EG/RPUF 体系的热导率较纯 RPUF 有着轻微的提升，但是这种轻微的提升不会影响硬质聚氨酯泡沫材料在实际中的应用。

2.4.3　小结

本节通过全水发泡的方式制备了一种添加了 EMD 和 EG 的硬质聚氨酯泡沫材料，并对其阻燃性能和物理性能进行了研究，所得结论如下：

（1）当 8％的 EG 添加到 18％ EMD/RPUF 体系中时，体系的极限氧指数（LOI）由 25.3％提升至 31.3％，热释放速率峰值（PHRR）由 $304kW/m^2$ 降低到 $159kW/m^2$。

（2）EMD/EG 体系对材料 LOI、THR 和 Av-EHC 造成的影响几乎等于单独添加 EG 或 EMD 时对材料造成影响的总和，说明了 EMD 和 EG 之间存在着明显的加合阻燃效应。

（3）在燃烧过程中，EMD 通过在气相中释放磷氧自由基，凝聚相中生成富磷残炭，与 EG 形成的蠕虫状残炭相结合，发挥优异的阻隔效应。EMD/EG 阻燃体系之间的加合阻燃作用，增强了材料抑制火焰的能力。

（4）EMD/EG 阻燃体系的加入并没有对聚氨酯材料的表观密度产生明显影响，但轻微地提高了材料的压缩强度和热导率，然而，这种轻微的提升并不会影响材料在实际中的应用。

2.5 季戊四醇磷酸酯与可膨胀石墨在硬质聚氨酯泡沫中的凝聚相协同阻燃行为

在本节内容中，将另一种阻燃剂季戊四醇磷酸酯（PEPA）掺入 RPUF 中，以弥补 EG 的缺陷。此外，通过与异氰酸酯反应，可以将 PEPA 引入到 PU 分子链中，从而避免了加成型阻燃剂的迁移。反应路线如图 2.35 所示。然后，本节系统地表征了含 PEPA/EG 的 RPUF 的阻燃性能，并分析了 PEPA/EG 的协同阻燃行为。

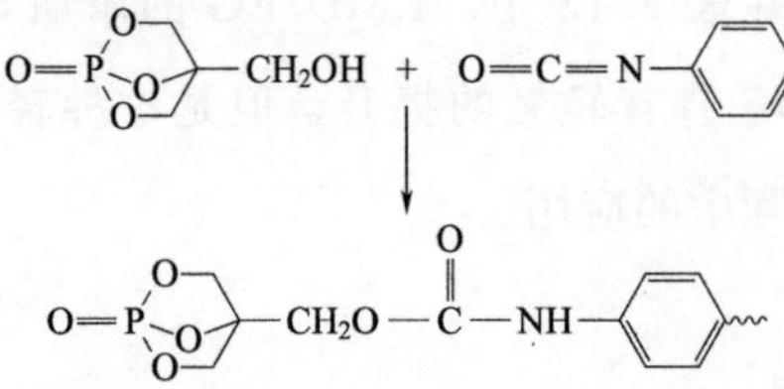

图 2.35　PEPA 引入到 PU 分子链中的反应路线

2.5.1 硬质聚氨酯泡沫的制备

所有的 RPUF 都是通过箱式发泡法制备的。表 2.14 列出了不同 RPUF 的化学成分。以先前的工作确定了双组分阻燃 RPUF 中 PEPA 与 EG 的最佳质量比为 1:3。首先，将 450L、KAc、Am-1、DMCHA、SD-623、H_2O、141b、PEPA 和 EG 预混合，直到在室温下获得均匀的混合物。然后将 PAPI 加入其中，并再次将混合物快速搅拌。将最终得到的混合物快速倒入模具中，自由发泡。包含不同量的 PEPA 和 EG（即 10%、15% 和 20%）的样品称为 PU/10%FR，PU/15%FR 和 PU/20%FR。此外，还制备了质量分数为 15% 的填充有 PEPA 的样品作为 PU/15%PEPA，和质量分数为 15% 的填充了 EG 的样品作为 PU/15%EG，以进一步阐明 PEPA 和 EG 之间在 RPUF 中的协同作用。

表 2.14　阻燃 RPUF 的组分表

组成	PU	PU /10%FR	PU /15%FR	PU /20%FR	PU /15%PEPA	PU /15%EG
FR/%	0	10	15	20	15	15
PEPA/g	0	5.56	8.83	12.51	35.32	0
EG/g	0	16.68	26.49	37.53	0	35.32
450L/g	72.00	72.00	72.00	72.00	72.00	72.00
KAc/g	0.36	0.36	0.36	0.36	0.36	0.36
Am-1/g	0.36	0.36	0.36	0.36	0.36	0.36
DMCHA/g	1.44	1.44	1.44	1.44	1.44	1.44
SD-623/g	2.70	2.70	2.70	2.70	2.70	2.70
H_2O/g	0.90	0.90	0.90	0.90	0.90	0.90
141b/g	14.40	14.40	14.40	14.40	14.40	14.40
PAPI/g	108.00	108.00	108.00	108.00	108.00	108.00

2.5.2　PEPA/EG 阻燃硬质聚氨酯泡沫的行为与机理

2.5.2.1　PEPA 和 PAPI 的反应

PEPA 与 PAPI 反应，可以将 PEPA 引入到 PU 分子链中。为了证明该反应，将一定量的 PEPA 添加到 PAPI 中并充分混合，在 70℃下相互反应 30min 以完成反应过程。用 FTIR 光谱仪分析了 PEPA 与 PAPI 的反应产物（PEPA-PAPI）。归一化后的 PEPA 和 PEPA-PAPI 的 FTIR 光谱如图 2.36 所示。通过比较这两个 FTIR 光谱，可以在 PEPA-PAPI 的 FTIR 光谱中找到 PEPA 的特征峰，例如 3390cm^{-1}（—OH 拉伸）、2963cm^{-1}、2909cm^{-1}（—CH_2—拉伸）、1298cm^{-1}（P＝O 拉伸）、1026cm^{-1}（P—O—C 拉伸）。此外，在 PEPA-PAPI 的光谱中，在约 2279cm^{-1}处观察到来自 PAPI 的—NCO 的振动。在 1725cm^{-1}和 1525cm^{-1}处的特征峰分别表明—COO—和—CONH—的形成。因此，可以确定 PEPA 与 PAPI 发生了反应，由此证明了 PEPA 与 RPUF 基体相连。

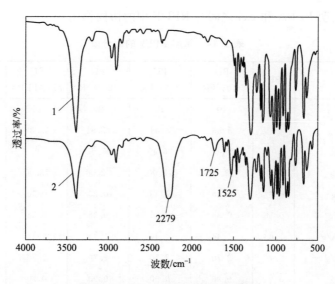

图 2.36 归一化后的 FTIR 光谱图

1—PEPA；2—反应后的 PEPA-PAPI

2.5.2.2 极限氧指数的测试

具有不同 PEPA/EG 添加量的 RPUF 样条的 LOI 值结果列于表 2.15。纯 PU 样品的 LOI 值仅为 19.2％，而 PU/10％FR 样品的 LOI 值则急剧增加至 25.3％。随着基体中 PEPA/EG 的质量分数增加，样品的 LOI 值可以进一步提高。当 PEPA/EG 的质量分数为 20％时，PU/20％FR 的 LOI 值增加到 31.9％。该结果证明，PEPA/EG 体系是在 RPUF 上有效的双组分阻燃体系。

表 2.15 阻燃 PRUF 的 LOI 值

样品	PU	PU /10％FR	PU /15％FR	PU /20％FR	PU /15％PEPA	PU /15％EG
LOI/％	19.2	25.3	29.2	31.9	22.6	28.8

此外，将样品 PU/15％FR、PU/15％PEPA 和 PU/15％EG 的 LOI 值进行比较，清楚地说明 RPUF 中 PEPA 和 EG 之间的相互作用。显然，PU/15％PEPA 和 PU/15％EG 的相应 LOI 值分别为 22.6％和 28.8％，低于 15％ PEPA/EG 的 PU/15％FR 的 LOI 值（1/3 质量）。单独添加 PEPA 只会使

LOI 值略有增加，而当 PEPA 与 EG 一起使用时，它可以超过 EG 对 RPUF 的阻燃作用。因此，可以确认，阻燃剂 PEPA 和 EG 在 RPUF 中具有协同阻燃作用。

2.5.2.3 锥形量热仪测试

PEPA/EG 阻燃的 RPUF 样品的部分特征参数，如 PHRR、Av-EHC、THR、TSR、Av-COY、Av-CO$_2$Y 汇总在表 2.16 中。

表 2.16 锥形量热仪测试的典型参数

样品	PHRR /(kW /m²)	THR /(MJ /m²)	Av-EHC /(MJ /kg)	TSR /(m² /m²)	Av-COY /(kg /kg)	Av-CO$_2$Y /(kg /kg)	残炭率 /%
PU	323	27.4	22.2	902	0.24	2.54	1.53
PU/10%FR	158	20.5	18.5	542	0.21	2.65	23.6
PU/15%FR	126	19.1	17.9	293	0.21	2.63	34.1
PU/20%FR	113	17.2	16.5	236	0.20	2.63	40.0
PU/15%PEPA	282	20.0	20.0	1197	0.16	1.95	12.4
PU/15%EG	135	18.9	15.6	218	0.21	2.78	40.4

首先，图 2.37 显示了带有 PEPA 和 EG 的阻燃 RPUF 的 HRR 曲线。它们的 HRR 值在点燃后迅速上升到最大值。这是由 RPUF 的多孔结构引起的，该结构增加了基体与氧气之间的接触面积。但是，随着 PEPA/EG 的质量分数增加，PHRR 和 THR 值都大大降低。尽管仅将 20% 的 PEAP/EG 质量分数掺入基质中，但 PHRR 和 THR 值分别显著降低了 65.1% 和 37.2%。PHRR 和 THR 的降低比例明显大于 RPUF 中阻燃剂的添加比例。这表明 PEPA/EG 在燃烧过程中显示出增强的凝聚相阻燃效果。

在火灾中，烟雾和有毒气体是危害人们健康的两个重大危险。TSR、Av-COY 和 Av-CO$_2$Y 是评估次生火灾危害的三个重要参数。如表 2.16 所示，随着基质中 PEPA/EG 质量分数的增加，TSR 值明显降低。当样品 PU/20%FR 中 PEPA/EG 的质量分数达到 20% 时，TSR 比纯 PU 样品降低 73.9%。原因如下：PEPA 作为一种具有优异炭化能力的阻燃剂，可促进基体炭化，根据 PU/15%PEPA 的参数 TSR，导致浓烟中含有大量残炭颗粒。但是，膨胀

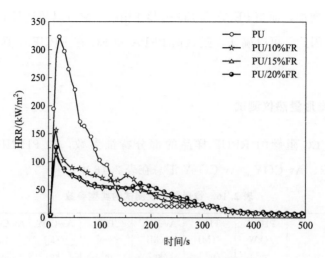

图 2.37　阻燃 RPUF 的 HRR 曲线

的石墨将形成疏松的堆积结构，吸收或过滤了较大的基体碎片。因此，残留的 PEPA/EG 存在更多的分解碎片，PEPA/EG/PU 的 TSR 值明显降低。随着 PEPA/EG 质量分数的增加，PU/FR 的 Av-COY 值降低，这是由 PEPA 和 EG 共同引起的。因为单独在 RPUF 中使用的 PEPA 和 EG 使样品的 Av-COY 值都降低了。但是，PU/FR 的 Av-CO_2Y 值高于纯 RPUF。根据 PEPA/PU 和 EG/PU 的结果，由于 PEPA 的炭化作用，PEPA 仍然减少了 CO_2 的释放，但是 EG 增加了 CO_2 的释放，因为膨胀石墨形成的松散焦炭层使释放的可燃气体充分混合与氧气燃烧。PEPA 和 EG 的两种综合作用导致了 Av-CO_2Y 值增加。

在 Av-EHC 数据中，与纯 RPUF 相比，所有含有 PEPA/EG 的热固性材料的 Av-EHC 值的降低率均高于阻燃剂的添加率。同样，所有含有 PEPA/EG 的 RPUF 的成炭比例明显高于阻燃剂的添加比例。因此，PEPA/EG 显示出确定的凝聚相阻燃效果。

此外，为了进一步解析在燃烧过程中 RPUF 中 PEPA 和 EG 的阻燃行为，RPUF、PU/15％PEPA、PU/15％EG 和 PU/15％FR 的 HRR 曲线如图 2.38 所示。显然，仅含有 PEPA 的 RPUF，其 PHRR 有少量下降，但 PEPA 和 EG 的组合明显降低了基材的 PHRR 值。尽管样品 PU/15％FR 仅包含 11.25％的 EG，但是 PU/15％FR 的 PHRR 仍略低于样品 PU/15％EG 的 PHRR。这种现象说明

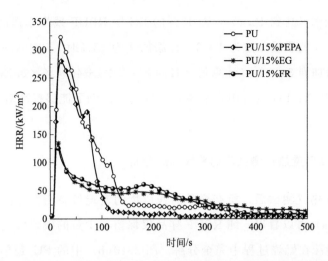

图 2.38 RPUF、PU/15%PEPA、PU/15%EG 和 PU/15%FR 的 HRR 曲线

PEPA 和 EG 均能充分发挥其阻燃作用，对 RPUF 具有更好的阻燃作用，证明了 PEPA 与 EG 之间存在阻燃协同作用。此外，PEPA/EG 的阻燃效果与其质量比有关。适当质量比的 PEPA 与 EG 将在阻燃 RPUF 过程中形成明显的协同效应。

　　锥形量热仪所测试的 PU、PU/15％PEPA、PU/15％EG 和 PU/15％FR 的质量损失曲线，结果如图 2.39 所示。燃烧结束（500s）时，纯 PU 样品的残炭率仅为 1.53％，表明纯 RPUF 的成炭能力较差。掺入 15％ 的 PEPA 使

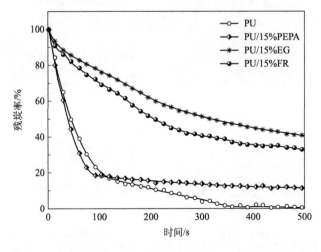

图 2.39 RPUF、PU/15%PEPA、PU/15%EG 和 PU/15%FR 的质量损失曲线

RPUF 残炭率提高到 12.4％，而 15％的 EG 使 RPUF 残炭率提高到 40.4％。当 PEPA/EG 的质量分数为 1∶3，且添加量为 15％时，PEPA/EG 使 RPUF 的残炭率增加到 34.1％（计算值＝12.4％×0.25＋40.4％×0.75＝33.4％）。它证实了 PEPA/EG 两种阻燃剂体系在特定的比例下能够提高对 RPUF 阻燃成炭效果。

2.5.2.4　锥形量热仪测试后的残炭形态分析

锥形量热仪测试后，所有样品的残留物的宏观形态图像如图 2.40 所示。从图 2.40(a) 可以看出，纯 RPUF 样品仅保留了少量的破碎残炭，这意味着纯聚氨酯泡沫在燃烧过程中完全分解。图 2.40(b) 中的 PU/15％PEPA 残留物致密而稀薄，因此阻隔性很差。随着更多 PEPA/EG 的加入，图 2.40(d)～(f) 中样品的残炭量显著提高。特别是 PU/20％FR 和 PU/15％EG 具有相同的 EG 质量分数，但是前者比后者具有更厚且更致密的炭层。它证实了 PEPA 在 RPUF 产生的残留物中可以与膨胀后的石墨结合并形成更好的防火屏障。

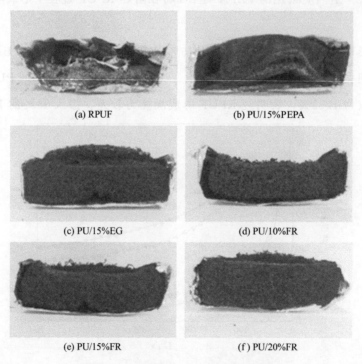

(a) RPUF　　　　　　　　　　(b) PU/15％PEPA

(c) PU/15％EG　　　　　　　　(d) PU/10％FR

(e) PU/15％FR　　　　　　　　(f) PU/20％FR

图 2.40　锥形量热仪测试后的残炭照片

为了进一步探索 PEPA/EG/PU 样品的阻燃成炭机理，还进行了 SEM 分析。图 2.41 是锥形量热仪测试后样品 RPUF、PU/15％PEPA、PU/15％EG 和 PU/15％FR 残留物的 SEM 照片。图 2.41(a) 中纯 RPUF 样品的残留物呈现出层状结构破裂，无法有效地抑制传热和挥发性气体释放。图 2.41(b) 中的样品 PU/15％PEPA 可以形成相对致密的炭层，但具有一些小孔，这些孔为从基材到气相的可燃气体提供了通道。因此，仅包含 PEPA 样品的炭层表现出较弱的阻燃性能。而在图 2.41(c)～(f) 所示的 SEM 照片中观察到 PU/15％EG 和 PU/15％FR 之间的清晰对比。图 2.41(c) 中的 PU/15％EG 样品的炭层呈现出具有大量间隙的疏松膨胀结构。图 2.41(e) 中 PU/15％EG 样品

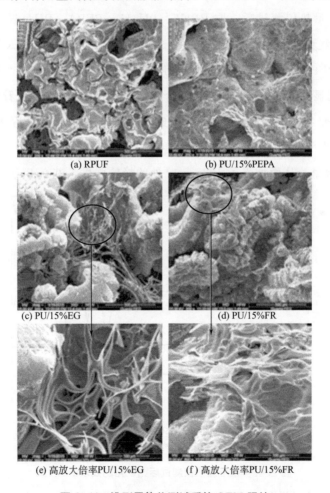

(a) RPUF   (b) PU/15%PEPA

(c) PU/15%EG   (d) PU/15%FR

(e) 高放大倍率PU/15%EG   (f) 高放大倍率PU/15%FR

图 2.41 锥形量热仪测试后的 SEM 照片

的高放大倍率图像显示，蠕虫状可膨胀石墨的间隙中充满了少量破碎和稀薄的残留炭成分。与 PU/15％EG 样品相比，图 2.41(d) 中 PU/15％FR 样品的炭层由蠕虫状石墨和完全致密的残炭组成。从图 2.41(f) 中，可以清楚地看到，可膨胀石墨的表面和间隙部分与 PEPA 产生的致密残余物结合在一起。PU/15％FR 样品的炭层在绝热性能上优于 PU/15％EG 样品，因此具有最佳的阻燃性能。换句话说，PEPA/EG 体系所形成的炭层可以改善凝聚相中 EG 的缺陷，这表明 PEPA/EG 体系具有在凝聚相中协同阻燃的作用。

2.5.2.5 锥形量热仪残炭的化学结构

经锥形量热仪测试后，取 RPUF、PU/15％PEPA、PU/15％EG 和 PU/15％FR 的残炭表面成分进行 FTIR 测试。通过归一化后的 FTIR 谱图可以更好地理解 PEPA 和 EG 之间的凝聚相协同作用。图 2.42 中的四个样品的吸收峰有几个明显的区别。通过比较这四个 FTIR 谱图，可以清楚地看到 PU/15％FR 样品的差异位于 1300cm^{-1} 和 1026cm^{-1}，这些峰分别对应于 P═O 和 P—O—C 组的振动。PU/15％PEPA 样品的 PEPA 含量高于 PU/15％FR 样品的 PEPA 含量，从而增强了 1026cm^{-1} 处的峰的强度，并在 PU/15％PEPA 样

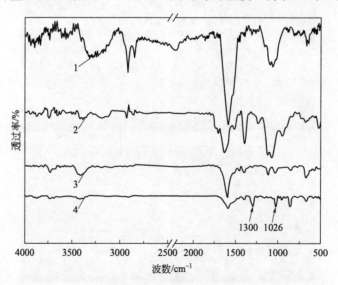

图 2.42 锥形量热仪测试后归一化的残炭 FTIR 图

1—RPUF；2—PU/15％PEPA；3—PU/15％EG；4—PU/15％FR

品的残炭中形成了更多的 P—O—C 结构。由此可见，PEPA 在燃烧过程中凝聚相中分解形成了聚磷酸或焦磷酸类物质。并且在 RPUF 的燃烧过程中，当 PEPA 和 EG 在凝聚相中共同发挥阻燃作用时，可促进形成更优异的阻燃性能。

2.5.2.6　PEPA 与 EG 的凝聚相协同阻燃机理

PEPA 和 EG 的凝聚相协同阻燃机理如图 2.43 所示。当含有 PEPA 和 EG 的 RPUF 被点燃或加热时，EG 会迅速膨胀并形成蠕虫状的隔热层。同时，RPUF 基材中的 PEPA 生成了一些具有很强脱水性的聚磷酸类物质，不挥发且非常黏稠。这些聚磷酸类物质将覆盖膨胀石墨的表面，从而形成相对致密的炭层。因此，PEPA/EG 体系增强的炭层不但可以更好防止可燃气体的转移，而且能够抑制对基材的热反馈行为，并能进一步有效地降低基体的分解速度。简而言之，PEPA 和 EG 在凝聚相中通过形成更好的炭层发挥了凝聚相协同阻燃效应。

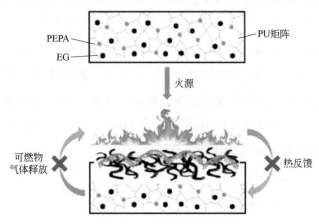

图 2.43　PEPA 和 EG 的凝聚相协同阻燃机理

2.5.3　小结

本节介绍了二元 PEPA/EG 体系阻燃 RPUF 材料的性能与机理。结果表明，PEPA/EG 体系可以有效地提高 LOI 值，降低 PHRR、THR 和 TSR 值。与单独 EG 和 PEPA 的添加相比，相同质量的 PEPA/EG 体系可以提高 RPUF 的 LOI 值，并降低 PHRR 值。

在燃烧过程中，PEPA 产生了多聚磷酸类物质，这些物质覆盖在膨胀后的石墨表面，从而导致形成阻隔效果更好的炭层。与由 PEPA 和 EG 单独形成的炭层相比，PEPA/EG 形成的炭层对 RPUF 具有更好的阻燃性。PEPA/EG 体系发挥了优异的凝聚相协同阻燃作用。

2.6 两种 DOPO 衍生物与可膨胀石墨在硬质聚氨酯泡沫中的阻燃行为对比

含磷阻燃剂由于其具有低毒和高阻燃效率的特点，常用于阻燃 RPUF。其中，9,10-二氢-9-氧杂-10-磷杂菲-10-氧化物（DOPO）及其衍生物由于高阻燃效率而备受关注。这类化合物通过在燃烧过程中能够释放具有猝灭作用的 PO·和 PO$_2$·自由基，可以抑制基体的进一步分解；分解生成的聚磷酸类物质能够黏附在基体表面，促进基体形成完整致密炭层而发挥阻隔火源的作用。

笔者所在实验室合成了两种结构相似的 DOPO 衍生物，三-(3-DOPO-2-羟基-丙基)-1,3,5-三嗪-2,4,6-三酮(TGD)和三-(3-DOPO-丙基)-1,3,5-三嗪-2,4,6-三酮(TAD)，化学结构式如图 2.44 所示。两种阻燃剂唯一的区别是 TGD 的结构中含有羟基而 TAD 不含有羟基，因此，TGD 可以作为 RPUF 中的反应型阻燃剂。在这项工作中，TAD 和 TGD 与 EG 复合阻燃 RPUF，研究 TAD 和 TGD 在 RPUF 中阻燃效果的差异。

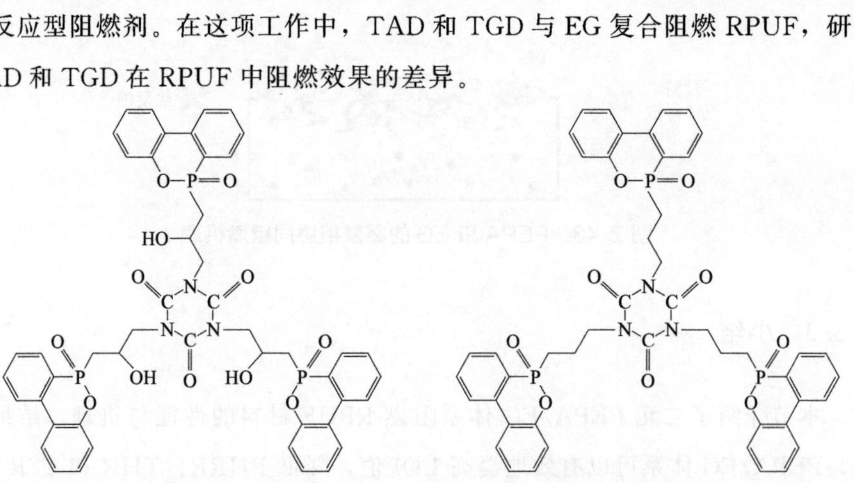

图 2.44 TAD 和 TGD 的化学结构式

2.6.1 DOPO 衍生物与 EG 阻燃硬质聚氨酯泡沫配方

DOPO 衍生物与 EG 阻燃硬质聚氨酯泡沫配方如表 2.17 所示。

表 2.17　RPUFs 的配方　　　　单位：g

样品	450L/催化剂[①] /PAPI	阻燃剂			H_2O	141b
		TAD	TGD	EG		
纯 RPUF	72/4.9/108	—	—	—	0.9	16
6TAD/RPUF	72/4.9/108	16	—	—	0.9	16
6TGD/RPUF	65/4.9/108	—	16	—	0.9	16
6TAD/6EG/RPUF	72/4.9/108	16	—	16	0.9	16
6TGD/6EG/RPUF	65/4.9/108	—	16	16	0.9	16

① 催化剂为 KAc、Am-1、DMCHA、SD-622 的混合物，并且他们的添加比例为 0.4∶0.4∶1.4∶2.7。

2.6.2 两种 DOPO 衍生物与 EG 阻燃硬质聚氨酯泡沫的行为对比

2.6.2.1 热稳定性

RPUFs 的 TGA 曲线如图 2.45 所示。表 2.18 列出了热失重测试中的典型

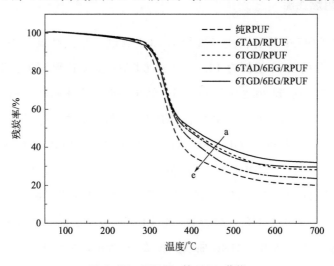

图 2.45　RPUFs 的 TGA 曲线

a—6TGD/6EG/RPUF；b—6TGD/RPUF；c—6TAD/6EG/RPUF；d—6TAD/RPUF；e—纯 RPUF

参数，热失重分析结果表明，纯 RPUF 在 5％时的分解温度（$T_{d,5\%}$）为 280℃，50％时的分解温度（$T_{d,50\%}$）为 360℃，阻燃 RPUFs 的 $T_{d,5\%}$ 和 $T_{d,50\%}$ 都与纯 RPUF 相近，这表明阻燃剂的加入并没有影响材料的热稳定性，这对于 RPUFs 的应用是非常重要的。此外，TGD 体系的 $T_{d,50\%}$ 普遍高于 TAD 体系，因为 TGD 是一种反应型阻燃剂，通过与异氰酸酯反应接枝到了聚氨酯主链，从而提高了 RPUF 的热稳定性。在 700℃时，纯 RPUF 的残炭率为 21.3％。与纯 RPUF 相比，阻燃 RPUFs 的残炭率都明显增加，并且 TGD 体系的残炭率相比于纯 RPUF 残炭率的增加量都明显超过 TAD 体系，这表明 TGD 体系的凝聚相成炭效应明显优于 TAD 体系。

表 2.18 RPUFs 热失重测试中的典型参数

样品	$T_{d,5\%}$/℃	$T_{d,50\%}$/℃	700℃的残炭率/％
纯 RPUF	273	360	21.3
6TAD/RPUF	283	371	23.8
6TGD/RPUF	283	388	28.0
6TAD/6EG/RPUF	282	383	29.2
6TGD/6EG/RPUF	263	398	32.0

2.6.2.2 阻燃性能

首先对 RPUFs 的阻燃性能进行了 LOI 测试，测试结果如表 2.19 所示。纯 RPUF 样品的 LOI 值仅为 19.4％，而 6TAD/RPUF 和 6TGD/RPUF 样品的 LOI 值分别增加到 20.2％和 20.4％。结果表明，由于磷杂菲和三嗪-三酮基团的存在，TAD 和 TGD 均能提高 RPUF 的阻燃性能。在与 EG 复配后，6TAD/6EG/RPUF 和 6TGD/6EG/RPUF 的样品的 LOI 分别为 25.3％和 27.3％。6TGD/6EG/RPUF 的 LOI 值相比 6TAD/6EG/RPUF 提高了 2％，这意味着 6TGD/6EG 体系的阻燃效率高于 6TAD/6EG 阻燃体系。

为了进一步研究材料的燃烧行为，对 RPUFs 进行了锥形量热仪测试，部分特征参数列于表 2.19 中。HRR 曲线如图 2.46 所示，结合表 2.19 数据，阻燃 RPUFs 复合材料的 PHRR、THR、Av-EHC 值均低于纯 RPUF。纯 RPUF 的 PHRR 值为 357kW/m²，当分别添加 6％ TAD 和 6％ TGD 时，样品 6TAD/

RPUF 和 6TGD/RPUF 的 PHRR 值分别降至 252kW/m² 和 239kW/m²，表明 TAD 和 TGD 的加入都能明显降低 RPUF 的燃烧强度。此外，随着 6% EG 的加入，RPUFs 的 PHRR 值继续降低。6TAD/6EG/RPUF 和 6TGD/6EG/RPUF 的 PHRR 值分别比纯 RPUF 降低了 47.3% 和 54.1%。上述结果表明，TAD 和 TGD 均能与 EG 共同作用，抑制 RPUF 燃烧过程中的燃烧强度，并且 TGD/EG 阻燃体系的阻燃效果明显优于 TAD/EG。

表 2.19　极限氧指数和锥形量热仪测试结果

样品	LOI	PHRR /(kW /m²)	Av-EHC /(MJ /kg)	THR /(MJ /m²)	TSR /(m² /m²)	Av-COY /(kg /kg)	Av-CO₂Y /(kg /kg)	400s 时 残炭率 /%
纯 RPUF	19.4	357	24.5	31.3	1018	0.19	2.59	2.4
6TAD/RPUF	20.2	252	23.3	27.6	1169	0.27	2.46	5.0
6TGD/RPUF	20.4	239	20.1	21.9	880	0.32	2.54	10.2
6TAD/6EG/RPUF	25.3	188	21.2	22.4	655	0.24	2.65	26.8
6TGD/6EG/RPUF	27.3	164	21.7	20.6	503	0.24	2.76	34.1

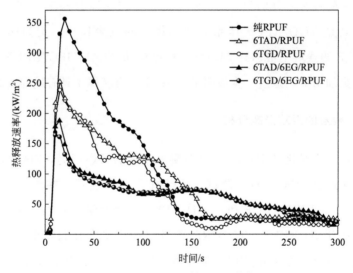

图 2.46　RPUFs 的 HRR 曲线

锥形量热仪测试的质量损失曲线如图 2.47 所示，结合表 2.19 中的数据可以看出，纯 RPUF、6TAD/RPUF 和 6TGD/RPUF 在燃烧开始时质量迅速下降，这意味着基体在燃烧初期便强烈燃烧并迅速减少其质量。然而，当 EG 加

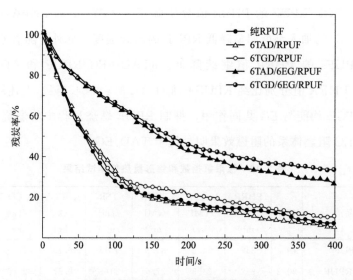

图 2.47　RPUFs 的质量损失曲线

入到 RPUFs 中后，6TAD/6EG/RPUF 和 6TGD/6EG/RPUF 的质量损失速率明显降低。纯 RPUF 在 400s 时的残炭率仅为 2.4%，TAD/RPUF 和 TGD/RPUF 体系的残炭率分别为 5.0% 和 10.2%，相比纯 RPUF 的残炭率都有所提升，尤其是 TGD/RPUF 体系表现出优异的成炭作用。例如样品 6TGD/6EG/RPUF 的残炭率增加到 34.1%，相比样品 6TAD/6EG/RPUF 的残炭率提升效果更加明显，这进一步说明了 TGD/EG 阻燃体系具有优异的成炭作用。

2.6.2.3　残炭的微观形态分析

为了进一步对比 TGD 和 TAD 在凝聚相上的阻燃行为，对锥形量热仪测试后的残炭通过 SEM 进行了测试，结果如图 2.48 所示。在图 2.48(a) 和图 2.48(b) 中，6TAD/RPUF 和 6TGD/RPUF 的残炭结构有很多比较破碎的孔洞，但相比 TAD/RPUF，TGD/RPUF 体系的残炭中孔洞较小，有较完整的炭层形成，这意味着 TGD/RPUF 在凝聚相具有更好的成炭作用和阻隔效果。在图 2.48(c) 中 6TAD/6EG/RPUF 样品只剩比较破碎的残炭，而在图 2.48(d) 中 TGD/EG/RPUF 体系的炭层则比较完整致密，这种炭层能够更有效地抑制热量和可燃性气体的传递，延缓基体的燃烧分解，发挥凝聚相阻燃作用。因此，相比 TAD，阻燃剂 TGD 在凝聚相能发挥更优异的阻隔作用。

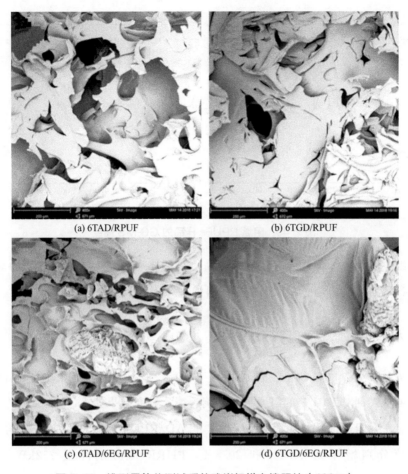

(a) 6TAD/RPUF

(b) 6TGD/RPUF

(c) 6TAD/6EG/RPUF

(d) 6TGD/6EG/RPUF

图 2.48　锥形量热仪测试后的残炭扫描电镜照片（400×）

2.6.2.4　气相色谱-质谱分析

为了探索阻燃剂 TAD 和 TGD 在气相中的阻燃机理，对阻燃 RPUFs 进行了 GC-MS 测试以追踪典型的具有猝灭效应的 PO·（$m/z=47$）和 PO$_2$·（$m/z=63$）自由基的释放情况。PO·和 PO$_2$·自由基的强度-温度曲线如图 2.49 所示。可以明显看出，相比 TAD，TGD 体系具有更强的 PO·和 PO$_2$·自由基释放能力，因此更能有效地捕捉活性自由基，从而达到气相猝灭作用。添加 EG 以后，相比 TGD，TGD/EG 阻燃体系中 PO 和 PO$_2$ 自由基释放强度降低，这主要是由于 EG 膨胀后产生的蠕虫状炭层能够吸附由 TGD 分解产生的含磷组分，降低

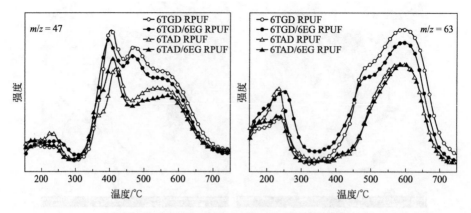

图 2.49　阻燃 RPUFs 样品的 GC-MS 曲线

含磷组分的释放，促使更多含磷组分黏附在基体表面，生成完整致密的炭层，发挥凝聚相阻隔作用，从而延缓了材料的进一步分解。

2.6.3　小结

将两种结构相似的阻燃剂 TGD 和 TAD 分别应用于 RPUFs 中，对比研究了两种阻燃剂对 RPUF 的阻燃行为影响规律。研究结果如下：

（1）在阻燃剂添加量都为 6% 时，6TAD/RPUF 和 6TGD/RPUF 样品的 LOI 值分别增加到 20.2% 和 20.4%，PHRR 值分别降至 252kW/m^2 和 239kW/m^2，TAD 和 TGD 均能提高 RPUF 的阻燃性能。

（2）当 6% 的 EG 分别添加到 6TAD/RPUF 和 6TGD/RPUF 体系中时，6TAD/6EG/RPUF 和 6TGD/6EG/RPUF 的 PHRR 值分别比纯 RPUF 降低了 47.3% 和 54.1%，残炭率分别增加到 26.8% 和 34.1%，TGD/EG 体系相比 TAD/EG 表现出更优异的阻燃作用。

（3）TGD 分解过程中 PO・和 PO$_2$・自由基的释放量更多，导致 TGD 对 RPUF 的气相阻燃效果比 TAD 更加优异。并且由于 TGD 作为反应型阻燃剂通过结构中的羟基连接到聚合物基体中，更能促进基体成炭。随着 EG 的加入，相比 TAD/EG 阻燃体系，TGD/EG 在燃烧过程中形成的炭层更加完整致密，能够发挥更加有效的凝聚相阻隔作用。

第3章 三元体系阻燃硬质聚氨酯泡沫材料

在前面的章节中讨论了二元阻燃体系对 RPUF 材料的阻燃行为规律与机理，在随后的研究中，我们逐渐发现多元复合体系，对于赋予 RPUF 更优异的综合阻燃性能方面具有巨大的优势。因此，在本章中进一步讨论三元体系阻燃 RPUF 的行为规律与机理，进一步解析说明多元体系在阻燃 RPUF 材料中的巨大优势。

3.1 DMMP/BH/EG 在硬质聚氨酯泡沫中的逐级释放阻燃行为及机理

依照之前的研究体系，我们发现大多数阻燃体系在燃烧过程中只能在较短的时间内发挥阻燃作用。如果设计一个包含多种不同热分解释放温度的阻燃成分的阻燃体系，就能够在较宽泛的温度区间发挥阻燃作用，形成一个具有更优异阻燃性能的 RPUF 材料。

DMMP 是一种含磷量较高，阻燃效率较高的添加型液体阻燃剂，添加后能够有效地提升 RPUF 的阻燃性能，在较低的温度下发生分解，产生含有猝灭作用的 PO· 和 PO_2· 自由基，在气相当中发挥着阻燃作用。

通过之前的研究发现 BH 一方面能分解出 DMMP，能够在气相中发挥优异的猝灭作用，另一方面能够有效地促进基体成炭，与 EG 发生黏附作用，从而形成了完整而致密的火焰隔绝层，阻止了火焰由外向基体内部的传递。将 DMMP、BH 与 EG 引入聚氨酯泡沫材料中，三元阻燃体系在整个燃烧过程中将会产生随温度逐级释放的阻燃效应。

3.1.1 DMMP/BH/EG 阻燃体系样品配方

表 3.1 为 DMMP/BH/EG 阻燃体系样品配方。

表 3.1　DMMP/BH/EG 阻燃体系样品配方　　　　　　　单位：g

样品	阻燃成分	DMMP	BH	EG	450L	催化剂	141b	PAPI
纯 RPUF	0	—	—	—	51.2	6.2	14.4	108.0
16D0B6E	16％DMMP/6％EG	36.9	0.0	13.8	51.2	6.2	14.4	108.0
12D4B6E	12％DMMP/4％BH/6％EG	27.7	9.2	13.8	51.2	6.2	14.4	108.0
8D8B6E	8％DMMP/8％BH/6％EG	18.4	18.4	13.8	51.2	6.2	14.4	108.0
4D12B6E	4％DMMP/12％BH/6％EG	9.2	27.7	13.8	51.2	6.2	14.4	108.0
0D16B6E	16％BH/6％EG	0.0	36.9	13.8	51.2	6.2	14.4	108.0

3.1.2 DMMP/BH/EG 在硬质聚氨酯泡沫中的逐级释放阻燃行为

3.1.2.1 热失重分析

首先对 DMMP/BH/EG 阻燃体系的样品进行热重分析。TGA 与 DTG 曲线如图 3.1 与图 3.2 所示，由于 DMMP 的分解温度大约在 $180\sim200℃$，当温

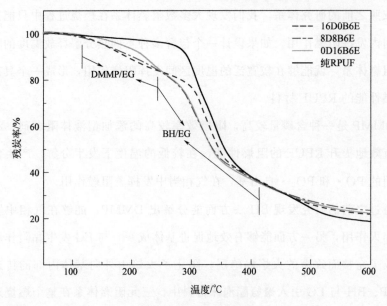

图 3.1　TGA 曲线图

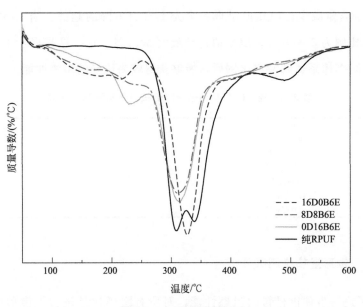

图 3.2　DTG 曲线图

度小于 250℃时，8D8B6E 曲线的失重趋势接近于 DMMP/EG 体系的分解趋势。这一结果揭示了 DMMP 最先开始发挥阻燃作用。随着温度的进一步升高，8D8B6E 开始出现第二阶段的失重。在这一阶段，8D8B6E 的曲线的失重趋势，逐渐与 BH/EG 体系的失重曲线相接近。可以推测这一阶段 BH 开始逐步接替 DMMP 发挥着阻燃作用。这三个阻燃样品中都含有相同组分的 EG，可膨胀石墨在 160～300℃产生"爆米花膨胀效应"，所以，EG 对阻燃样品 TGA 与 DTG 曲线影响较小。根据以上结果可以看出，DMMP/EG 和 BH/EG 随着温度的升高能够持续地发挥阻燃作用，从而证实了 DMMP/BH/EG 阻燃体系中阻燃组分随温度升高所产生的逐级释放阻燃效应。

3.1.2.2　LOI 测试分析

为了研究 DMMP/BH/EG/RPUF 样品的阻燃行为与规律，首先测试其极限氧指数。结果如表 3.2 所示，所有的阻燃 RPUF 样品中，阻燃剂的含量总量为 22%，EG 的量保持 6%恒定，基体中混入较低比例的 EG 能够在保证阻燃性能的同时，兼顾到工厂实际生产中的加工性能。通过调整 DMMP 与 BH 的含量来探究燃烧的变化规律。测试结果显示，随着 BH 含量的增加，

DMMP 的含量减少，LOI 值呈现一个先上升后下降的趋势。当 DMMP/BH/EG 三者比例为 8/8/6 时，LOI 值达到最大 30.7%。这一结果揭示了 DMMP/BH/EG 阻燃体系达到特定比例后，能够获得较为优异的阻燃性能。

表 3.2　纯 RPUF 与阻燃 RPUF 极限氧指数测试结果

样品	LOI/%
纯 PRUF	20.1
16D0B6E	30.3
12D4B6E	30.3
8D8B6E	30.7
4D12B6E	29.2
0D16B6E	28.7

3.1.2.3　锥形量热仪测试分析

为了进一步评价材料的阻燃性能，对所有阻燃样品进行了锥形量热仪测试。测试数据如表 3.3 所示，包括热释放速率峰值（PHRR）、总热释放量（THR）、总烟释放量（TSR）、平均有效燃烧热（Av-EHC）、平均一氧化碳产率（Av-COY）和平均二氧化碳产率（Av-CO$_2$Y）以及残炭率。热释放速率曲线图如图 3.3 所示。

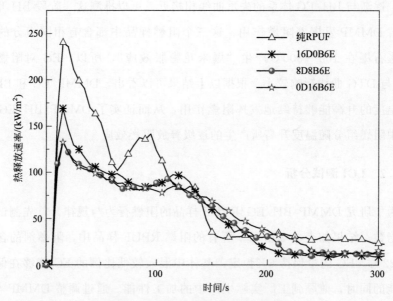

图 3.3　RPUF 样品的 HRR 曲线

从图 3.3 中的热释放速率曲线可以看出，纯 RPUF 样品在点燃后剧烈燃烧，并且热释放速率曲线在极短的时间内达到了峰值 $234kW/m^2$。与纯 RPUF 相比，DMMP/EG 阻燃体系和 BH/EG 阻燃体系热释放速率峰值下降幅度较大。如表 3.3 所示，保持 EG 的含量为 6% 恒定不变，通过调整 DMMP/BH/EG 阻燃体系中的 DMMP 与 BH 的含量，发现 DMMP/BH/EG 阻燃体系热释放速率峰值呈现先下降后上升的趋势。当 DMMP/BH/EG 三者添加量为 4%、12%、6% 时，PHRR 值达到最低 $126kW/m^2$，相比纯 RPUF 的 PHRR 值来说下降了 43.2%。样品 4D12B6E 的 PHRR 与 THR 是所有阻燃组分当中最低的，DMMP/BH/EG 在这一比例下对火焰抑制作用来说，比 DMMP/EG 与 BH/EG 二元阻燃体系来说效果更好，说明发挥着三元协同阻燃效应。三元协同阻燃效应归因于 DMMP、BH 和 EG 三种阻燃剂在不同温度区间的连续释放的阻燃效应。

有效燃烧热（EHC）能够反映出三元阻燃体系在气相中发挥的猝灭作用。如表 3.3 所示，与纯 RPUF 相比，DMMP/BH/EG/RPUF 试样的 EHC 值明显下降。DMMP 与 BH 的含磷量分别为 25% 与 13.65%，虽然三元体系中随着 BH 含量的增加整体磷含量在不断减少，但 DMMP/BH/EG/RPUF 阻燃体系的 Av-EHC 依旧保持在较低的水平，从而说明了三元阻燃体系在燃烧过程中能够协同发挥抑制作用。此外，三元协同阻燃体系的残炭率与 DMMP/EG 和 BH/EG 二元阻燃体系的残炭率相近，说明两种磷酸酯阻燃剂在燃烧过程中形成了加合成炭作用。除了 PHRR、Av-EHC、THR、残炭率以外，其他所有的数据都维持在一个较低的水平，从而证实了在一些参数中表现了三元加合阻燃作用，而另一些参数中表现出了三元协同阻燃作用。

表 3.3　RPUF 的锥形量热仪测试数据

样品	PHRR /(kW/m²)	THR /(MJ/m²)	Av-EHC /(MJ/kg)	TSR /(m²/m²)	Av-COY /(kg/kg)	Av-CO₂Y /(kg/kg)	残炭率 /%
纯 RPUF	234±6	17.9±0.2	23.7±0.1	680±16	0.08±0.00	2.23±0.05	16.4±0.4
16D0B6E	165±4	15.1±0.3	17.6±0.8	619±6	0.21±0.01	1.79±0.15	34.6±2.5
12D4B6E	152±1	14.9±0.4	18.3±0.5	721±38	0.23±0.00	1.90±0.01	32.3±0.6
8D8B6E	139±5	14.5±0.7	18.3±0.1	698±20	0.22±0.00	1.91±0.06	32.0±0.7

样品	PHRR /(kW/m²)	THR /(MJ/m²)	Av-EHC /(MJ/kg)	TSR /(m²/m²)	Av-COY /(kg/kg)	Av-CO₂Y /(kg/kg)	残炭率 /%
4D12B6E	126±3	14.5±0.6	18.9±0.5	706±14	0.21±0.01	2.15±0.08	27.5±1.1
0D16B6E	129±2	15.4±0.8	18.3±1.2	783±47	0.15±0.01	2.07±0.05	30.8±2.9

材料点燃后往往产生大量有毒有害的烟雾，常常威胁着逃离火灾人员的生命。所以总烟释放量（TSR）、平均一氧化碳产量（Av-COY）、平均二氧化碳产量（Av-CO₂Y）变得尤为重要，它们是评价火灾危险性的关键参数。从表3.3中的数据可以看到，由于DMMP燃烧过程中主要形成并释放猝灭自由基，而BH则促进基体形成大量的不可燃烧的碎片，所以DMMP/EG的TSR最小，而BH/EG的TSR最大。DMMP/BH/EG三元体系的TSR的值在DMMP/EG体系与BH/EG体系的范围内来回波动，这可能是由DMMP与BH联合起来使用所决定的。但从Av-COY与Av-CO₂Y的数据来看，DMMP/BH/EG/RPUF阻燃体系释放较多的CO，这一结果与DMMP/EG体系数据相似，因此可以判断DMMP/BH/EG三元阻燃体系优异的阻燃性能归因于两个DMMP/EG和BH/EG二元阻燃体系的共同贡献，从而赋予三元协同阻燃体系优异的综合性能。

3.1.2.4　TGA-GC-MS分析

为了进一步验证两种磷酸酯的猝灭作用，用TGA-GC-MS来追踪燃烧过程中0D16B6E、8D8B6E和16D0B6E含有猝灭作用的特征性基团PO·的释放。从图3.4可以看出，0D16B6E与16D0B6E分别含有两种不同的磷酸酯，这造成PO·自由基完全不同的释放结果。样品16D0B6E由于含有DMMP组分，在较低温度下达到沸点并裂解，产生大量具有猝灭作用的PO·自由基，在气相当中发挥着阻燃作用。所以，从曲线上能反映出较高峰值的原因在于PO·被大量释放。而样品0D16B6E却产生了相反的释放结果。通过曲线能发现，样品0D16B6E释放出的PO·自由基的量很少，反映到曲线上未产生明显的峰值。这是由于BH是一种反应型磷酸酯阻燃剂，受限于被接枝到聚合物分子中，从而极大程度上削弱了PO·自由基的释放作用。因此说明DMMP/

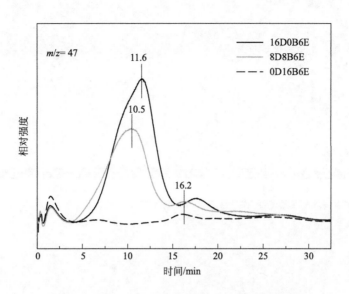

图 3. 4　典型 RPUF 样品的 TGA-GC-MS 曲线图

BH/EG 体系中的 BH 不能完全裂解并大量产生 PO·自由基，在气相中发挥猝灭作用，而是更大程度地在凝聚相中促进炭层的形成，发挥着凝聚相阻燃的作用。而当两种阻燃剂加入时，减少了 DMMP 的含量，反映在曲线上是 PO·释放量的峰值也对应下降。证明了 DMMP 与 BH 分别在气相与凝聚相中发挥着不同的阻燃作用。

3. 1. 2. 5　扫描电镜及元素分析 (SEM、XPS)

为了进一步探究三元体系的阻燃行为，分别为试样 16D0B6E、12D4B6E、8D8B6E、0D16B6E 做了锥形量热仪燃烧后的残炭电镜照片。在图 3.5(a) 中，可以明显地看到残炭形貌较松散，许多碎片黏着在膨胀后的 EG 表面。(b) 和 (c) 中能够看出 EG 受热膨胀后产生"爆米花效应"，从而形成蠕虫状残炭，破坏了炭层的完整性，但由于 DMMP 与 BH 能够在分解过程中促进基体形成完整致密的富磷炭层，所以 (b) 和 (d) 能看出黏附的基体能够有效地连接蠕虫状炭层，从而进一步形成完整致密的微观残炭形貌，进而在燃烧构成中形成了优异的火焰隔绝层。

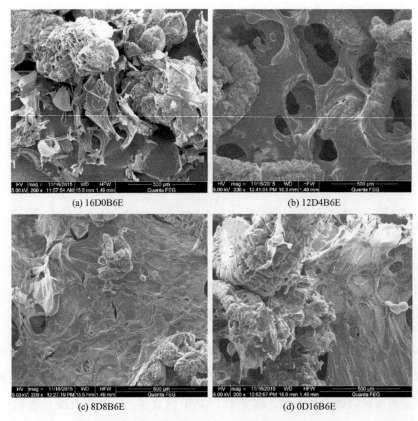

图 3.5 锥形量热仪燃烧残炭 SEM 照片 (×200 倍)

为了更进一步探究三元阻燃体系 DMMP/BH/EG 的成炭作用，我们对样品锥形量热仪测试后的炭层做了 XPS 分析。结果表明三元阻燃体系残炭中磷元素的含量远远高于 DMMP/EG 与 BH/EG 二元体系（见表 3.4），这说明三元复配阻燃体系中的 DMMP、BH 能够有效地促进富磷炭层的形成，并且对蠕虫状炭层具有较好的黏附性能，从而在凝聚相中发挥着优异的阻隔性能。

表 3.4　锥形量热仪残炭中磷元素含量

样品	16D6E0B	12D4B6E	8D8B6E	4D12B6E	0D16B6E
磷含量/%	1.95	3.72	3.55	2.52	1.14

3.1.2.6　连续释放阻燃机理

通过前面的讨论，DMMP/BH/EG 阻燃体系能够在 RPUF 燃烧的过程中发挥着三元协同阻燃机理。这种协同阻燃的效应归因于 DMMP、BH、EG 三种阻燃剂随着温度升高持续发挥阻燃的作用。图 3.6 是对阻燃机理的阐释，在燃烧的初期，DMMP 达到 180℃时开始发挥阻燃作用，在这一阶段，DMMP 分解并释放含有猝灭作用的自由基，主要在气相中发挥阻燃效应。EG 也在这一阶段开始膨胀，随后与富磷炭层黏附在一起，共同在凝聚相中发挥着阻燃作用。随着燃烧温度的进一步升高，接枝在基体上的 BH 开始发生分解，并且释放大量的不可燃碎片，这将有助于减少可燃物的释放并且促进 PO·自由基的猝灭作用，终止燃烧过程中链式反应。另一方面，BH 能够促进基体产生富磷炭层，并与 DMMP 和 BH 产生的炭层相结合共同在凝聚相中发挥阻燃效应。所以 DMMP/BH/EG 三元阻燃体系在气相与凝聚相中发挥着协同作用，赋予材料优异的阻燃性能。

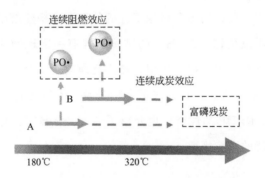

图 3.6 DMMP/BH/EG 阻燃体系连续释放阻燃机理

3.1.3 小结

在本节中，通过与纯 RPUF 相比，三元协同复配阻燃体系表现出了优异的阻燃特性。DMMP/BH/EG/RPUF 能够有效地提升极限氧指数，降低热释放速率峰值，保持总热释放量与有效燃烧热处于较低级别。另外，DMMP/BH/EG 阻燃体系与 DMMP/BH 和 BH/EG 二元体系相比，能够随着温度的上升发挥逐级释放的阻燃作用，一方面能够在气相当中发挥优异的火焰抑制作用，另一方面能够在凝聚相中促进基体形成完整致密富磷炭层，因此赋予材料优异的阻燃性能。

3.2 氢氧化铝和 BH/EG 在硬质聚氨酯泡沫中的阻燃行为与机理

根据之前的研究，BH/EG 阻燃体系能够发挥优异的加合阻燃效应。一方面 BH 能够在燃烧过程中促进生成完整而致密的富磷炭层，有效地黏附疏松的蠕虫状炭层，从而在凝聚相中阻隔火焰与热量的传递。另一方面 BH 受热分解在气相中生成 DMMP 结构，DMMP 受热分解，产生 PO·和 PO$_2$·自由基，在气相当中发挥猝灭作用，终止燃烧过程的链式反应，进而发挥着优异的气相与凝聚相的加合阻燃作用。前面章节所讲述的 DMMP/BH/EG 三元阻燃体系，揭示了逐级释放的阻燃效应。

在本节内容中，通过增加凝聚相阻燃的作用，来构建新型高效阻燃聚氨酯复合体系。由于氢氧化铝（ATH）的结构中含有一定比例的水，在 ATH 受热分解的过程中具有一定的抑烟作用，被广泛地应用于聚合物树脂中。而氧化铝（AO）结构中不含水，并且受热不发生分解，本节内容研究了 ATH/BH/EG 三元体系阻燃 RPUF 的性能，也介绍了 ATH 分解生成的水分子在现有体系当中对阻燃性能的影响规律。

3.2.1 ATH/BH/EG 阻燃硬质聚氨酯泡沫的配方

表 3.5 为聚氨酯泡沫制备配方。

表 3.5 聚氨酯泡沫制备配方　　　　　　　　　单位：g

样品	阻燃比例	ATH	Al$_2$O$_3$	BH	EG	450L	催化剂	141b	PAPI
纯 RPUF	0	—	—	—	—	72.0	6.2	14.4	108.0
8ATH14B6E	8%ATH/14%BH/6%EG	19.1	—	33.5	14.3	43.0	6.2	14.4	108.0
10ATH14B6E	10%ATH/14%BH/6%EG	24.0	—	34.0	14.0	43.0	6.2	14.4	108.0
12ATH14B6E	12%ATH/14%BH/6%EG	30.2	—	35.0	15.1	43.0	6.2	14.4	108.0
14ATH14B6E	14%ATH/14%BH/6%EG	35.5	—	35.5	15.1	43.0	6.2	14.4	108.0
8AO14B6E	8%ATH/14%BH/6%EG	—	19.1	33.5	14.3	43.0	6.2	14.4	108.0

样品	阻燃比例	ATH	Al₂O₃	BH	EG	450L	催化剂	141b	PAPI
10AO14B6E	10%ATH/14%BH/6%EG	—	24.0	34.0	14.0	43.0	6.2	14.4	108.0
12AO14B6E	12%ATH/14%BH/6%EG	—	30.2	35.0	15.1	43.0	6.2	14.4	108.0
14AO14B6E	14%ATH/14%BH/6%EG	—	35.5	35.5	15.5	43.0	6.2	14.4	108.0
19.6B8.4E	28%BH∶EG 14∶6	—	—	46.3	20.1	43.0	6.2	14.4	108.0
28ATH	28%ATH	78.0	—	—	—	72.0	6.2	14.4	108.0
28AO	28%AO	—	78.0	—	—	72.0	6.2	14.4	108.0

3.2.2 ATH/BH/EG 在硬质聚氨酯泡沫中的自由基捕获行为与机理

3.2.2.1 阻燃行为分析

通过 LOI 测试来初步探究三元阻燃体系的燃烧行为。ATH 或 AO 的添加量从 8% 升高到 14%，通过前期筛选发现当 BH/EG 比例为 14/6 时，达到最佳比例。为了探究 ATH 与 AO 在 BH/EG/RPUF 阻燃体系中产生不同效果的原因，在体系中保持 BH/EG 的含量为 20%（比例定为 14/6）恒定不变。测试结果如表 3.6 所示，当单独添加 28% 的 ATH 与 AO 时，RPUF 的 LOI 值与纯 RPUF 相比略微上升。而当 8%ATH 或 AO 与 14%BH 和 6%EG 共同添加到 RPUF 中时，ATH/BH/EG 与 AO/BH/EG 两组样品的 LOI 值都能维持在 30% 以上。如果体系中 ATH 或 AO 的添加量升高到 14%，试样 14ATH14B6E 的 LOI 值能达到 34%，而 14AO14B6E 的 LOI 值并没有明显的变化。这一结果揭示 ATH 与 AO 都能够在 RPUF 中产生阻燃作用，而在极限氧指数测试实验中，ATH 的阻燃效率明显高于 AO。另外，试样 8ATH14B6E 与试样 19.6B8.4E 的 LOI 值相接近，但比试样 28ATH 高出很多，从而初步说明 ATH/BH/EG 在 RPUF 中能够发挥三元协同阻燃效应。

ATH 与 AO 在 BH/EG 阻燃体系中发挥着不同的阻燃效果。通过锥形量热仪及其他测试所得到的线索可以探究其中的原因，从而为进一步获得高性能 RPUF 阻燃体系提供理论基础。

表 3.6　LOI 与锥形量热仪（0~400s）测试结果

样品	LOI /%	PHRR /(kW/m²)	Av-EHC /(MJ/kg)	THR /(MJ/m²)	TSR /(m²/m²)	Av-COY /(kg/kg)	Av-CO₂Y /(kg/kg)
纯 RPUF	19.4	322±8	20.8±1.0	27.1±0.8	899±22	0.24±0.04	2.52±0.23
8ATH14B6E	31.2	120±2	18.5±0.0	19.4±0.3	625±19	0.20±0.02	2.20±0.14
10ATH14B6E	31.5	117±4	17.9±0.8	20.0±0.8	598±20	0.22±0.03	2.24±0.17
12ATH14B6E	33.7	115±1	18.5±0.1	20.7±0.2	514±19	0.19±0.01	2.29±0.02
14ATH14B6E	34.0	117±2	18.8±0.8	20.1±0.1	496±16	0.21±0.05	2.31±0.04
8AO14B6E	30.6	129±2	17.1±0.7	21.7±0.4	709±17	0.21±0.03	1.95±0.30
10AO14B6E	30.2	136±1	16.2±0.3	22.8±0.5	776±38	0.24±0.01	2.25±0.14
12AO14B6E	30.4	124±2	16.9±0.3	21.5±0.3	711±55	0.28±0.03	2.41±0.07
14AO14B6E	30.7	129±2	17.3±0.4	21.1±0.7	707±28	0.28±0.00	2.48±0.02
19.6B8.4E	31.0	132±5	18.2±0.4	20.9±0.7	744±21	0.22±0.01	2.36±0.01
28AO	22.3	285±15	21.0±0.1	35.5±0.3	1165±34	0.19±0.03	2.32±0.50
28ATH	24.5	215±10	18.5±0.0	32.4±0.5	1091±47	0.18±0.01	2.64±0.07

　　从锥形量热仪的数据（图 3.7 和表 3.6）中可以看出，在纯 RPUF 点燃后很短的时间内热释放速率峰值就达到了最高值 322kW/m²，而添加 28% ATH 和 28% AO 样品中的热释放速率峰值仅为 285kW/m² 与 215kW/m²，这说明单独添加 ATH 与 AO 都能够抑制火焰燃烧强度，但添加相同量的情况下，ATH 比 AO 能够发挥更好的抑制作用。与纯 RPUF 相比，ATH/BH/EG/RPUF、AO/BH/EG/RPUF 和 BH/EG/RPUF 这些二元与三元阻燃体系都能够明显地降低 PHRR 和 THR。与 BH/EG/RPUF 体系相比，当阻燃成分总添加量为 28% 时，ATH 的加入能够更进一步降低 HRR 的值，而 AO 却不能更好地降低 HRR。8ATH14B6E 作为了代表样品，其热释放速率曲线，如图 3.7 所示，曲线上升与下降的趋势较为平缓，说明该样品的燃烧强度受到抑制并维持在较低的级别。之后，维持 14% BH 与 6% EG 含量不变的情况下，进一步增加 ATH 或 AO 的添加量并不能明显地改变 PHRR 与 THR 的值。因此，这一结果明显地揭示了 ATH 比 AO 在抑制燃烧强度方面能够发挥更好的

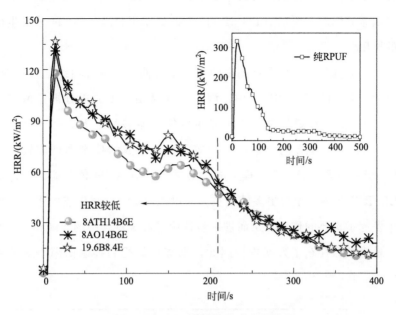

图 3.7 RPUF 试样热释放速率曲线图

作用，ATH 能够与 BH/EG 在火焰抑制方面发挥协同阻燃效应，这与 ATH 的分解吸热与水分子的释放相关。

在 BH/EG/RPUF 中，ATH 与 AO 的加入并不能有效地减少 THR 值，这是因为随着固体成分 ATH 与 AO 的加入，增加了基体树脂的密度，提高了单位体积内的可燃物的量，所以更多的可燃物势必会产生更多的热释放。此外，与 BH/EG/RPUF 体系相比，ATH/BH/EG/RPUF 与 AO/BH/EG/RPUF 中 ATH 和 AO 的加入并不会明显改变 Av-EHC，从而说明 ATH 和 AO 在燃烧过程中不具备气相猝灭作用。

依照 TSR 的数据，BH/EG 体系不能有效地抑制烟雾的释放。这是由于 BH 是含磷化合物，在分解过程中释放含有猝灭作用的自由基，发生猝灭效应，使得不完全燃烧的基体碎片被释放到空气中，产生大量的烟。ATH 的加入，能够有效地降低 TSR 值，试样 14ATH14B6E 与试样 19.6B8.4E 相比，TSR 值下降了 33.3%。这一结果意味着 ATH 在 ATH/BH/EG 体系中表现出了杰出的抑烟效果，而 AO 在 AO/BH/EG 体系中并不能表现出相似的抑烟作用。ATH 与 AO 仅有一点不同，就是 ATH 在结构中有一定比例的水，能在燃烧过程中发生吸热反应,分解生成水和 AO,而吸热反应和生成的 AO 并不能抑制烟雾的释放,所以 ATH 能够产生抑烟作用归因于 ATH 分解生成的水发挥的作用。

图 3.8 为锥形量热仪燃烧测试的质量损失曲线,通过曲线结果发现 ATH 和 AO 加入到 BH/EG/RPUF 中,测试后样品中更多的成分被保留在了残炭中。实际上,AO 在燃烧过程中不发生分解,能够基本上被完全保留在炭层中,因此 14AO14B6E 的质量损失理应较少,生成的残炭率理应较高。虽然 ATH 燃烧后的质量经分解过程生成水而减少,但 ATH 依旧能够促进 ATH/BH/EG/RPUF 体系生成更多的残炭。所以说 ATH 分解生成的水分子在成炭过程中发挥了重要的作用,从而进一步证明了燃烧过程中的含磷碎片与水发生作用,最终被保存在了残炭内。因此,烟雾释放受到抑制归因于质量损失的减少。

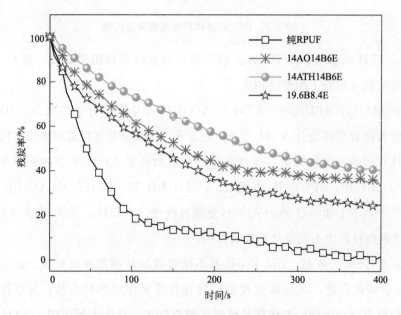

图 3.8 纯 RPUF 与阻燃 RPUF 的质量损失曲线

表 3.6 中 ATH/BH/EG/RPUF 体系与 AO/BH/EG/RPUF 体系的 Av-COY 与 Av-CO$_2$Y 的值与纯 RPUF 相比均有所下降,但总体看来与二元 BH/EG/RPUF 体系相接近。由于 ATH 与 AO 分解过程中不会释放出含有猝灭作

用的碎片，所以 Av-COY 与 Av-CO$_2$Y 自然不会发生较明显的变化。

3.2.2.2　锥形量热仪照片分析

图 3.9 是三个典型样品锥形量热仪测试后的残炭照片。从图 3.9(a) 中可以看出，纯 RPUF 燃烧后仅剩少量的残炭，而样品 14AO14B6E 与样品 14ATH14B6E 却能获得更多的残炭。从图中能够清楚地观察到 ATH 与 AO 促进形成了致密的炭层。与试样 14AO14B6E 相比，14ATH14B6E 的表面生成了一层粉末状的白色残炭，这可能是 ATH 脱水后所形成的 AO，但 14AO14B6E 的残炭表面却没有出现这样的现象。这是由于 AO 颗粒被基体分解生成的烟雾颗粒所覆盖。这一结果证实了 ATH 分解产生的水分子不能在气相中捕获烟雾碎片，而是在凝聚相中与含磷成分发生反应，因此仅有少量的烟雾碎片被释放到空气中。所以 AO 白色粉末会出现在残炭的表面。

(a) 纯 RPUF　　　　　(b) 试样 14AO14B6E　　　　　(c) 14ATH14B6E

图 3.9　锥形量热仪测试后的残炭照片

3.2.2.3　锥形量热仪残炭的 SEM 与 XPS 分析

为了进一步探究 ATH/BH/EG 与 AO/BH/EG 体系的阻燃机理，对这两个体系的代表性样品 14ATH14B6E 和 14AO14B6E 做了扫描电镜分析。如图 3.10所示，从（a）与（b）中能够清晰地看到在 14ATH14B6E 表面生成很多细小的固体颗粒，均匀地分散在炭层的表面，表明 ATH 能够充分地分散在聚合物基体内部，在燃烧分解的过程中不会发生团聚现象。AO 能够完美地结合在残炭表面，据此可以推测出其中一定发生了反应，ATH 分解所产生的水

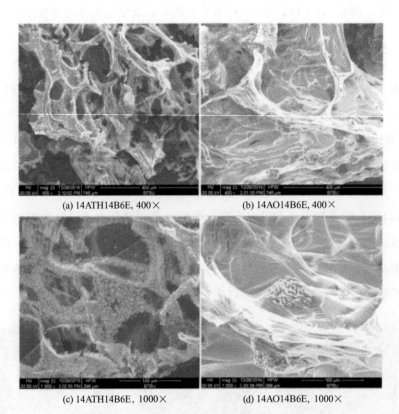

(a) 14ATH14B6E, 400×   (b) 14AO14B6E, 400×

(c) 14ATH14B6E, 1000×   (d) 14AO14B6E, 1000×

图 3.10　残炭的扫描电镜照片

与基体中的含磷成分在被释放到气相之前发生了反应。因此使得白色的粉末覆盖在了残炭的表面。而 14AO14B6E 样品则不同，AO 颗粒团聚在一起形成了球状结构被残炭包裹，从而导致 AO 不能充分地覆盖在残层表面起到保护效应。这一结果说明了 AO 不能在聚合物基体内部均匀分散，而是在基体内呈现团聚状态。因此，进一步说明了 ATH 能够与 BH/EG 充分发挥相互作用，在残炭中锁住更多的成分。这也说明了 ATH/BH/EG 能够在凝聚中发挥了三元协同阻燃效应。

　　为了进一步解释 ATH 与 AO 在 ATH/BH/EG 和 AO/BH/EG 的阻燃机理，对两个阻燃体系的锥形量热仪残炭进行了 XPS 测试，元素分析测试结果如表 3.7 所示，14AO14B6E 与 19.6B8.4E 对比发现，14ATH14B6E 残炭样品保留了更多的 P 元素含量，从而验证了 ATH 与含磷成分在基体中发挥了作

表 3.7 残炭样品的元素分析   单位：%

样品	C	N	O	P	Al
14ATH14B6E	55.33	3.69	26.18	9.37	5.41
14AO14B6E	66.21	5.64	17.45	5.62	5.34
19.6B8.4E	81.86	6.31	8.84	2.28	0

用。正如之前的推测，ATH 分解后产生的水分子与 BH/EG/RPUF 分解产物发生反应生成了多磷酸类物质，多磷酸类物质能够覆盖在基体表面起到阻隔热量与火焰的作用。为了证实这一推测，我们更进一步地分析了 P 元素与 Al 元素的能谱来寻求更多的证据。

不同化学结构的 P 具有不同的结合能，图 3.11 中的结果支持了之前的推断。残炭样品 14AO14B6E 与 19.6B8.4E 的结合能非常接近，分别为 131.5eV 与 131.0eV，这说明两个残炭中的磷的化学结构非常接近，AO 的加入仅仅略微地影响了 BH 分解后生成含磷成分的结合能。而残炭样品 14ATH14B6E 的结合能则发生了较大的变化，其结合能的值为 132.5eV，比较接近三聚氰胺聚磷酸盐中磷的化学结构所产生的结合能 132.8eV，这一结果揭示了 14ATH14B6E 中的含磷成分反应生成了多磷酸类结构。由于残炭样品 14AO14B6E 与 19.6B8.4E 中的含磷成分不能达到与 MPP 相近的结合能

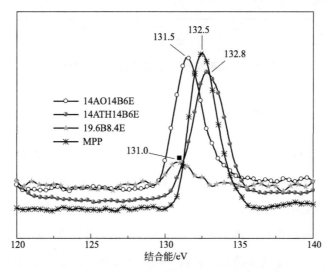

图 3.11 锥形量热仪残炭样品 P 元素的能谱

值，所以说明 ATH 的存在促进了含磷成分的结构向多磷酸类结构转变。所以说 ATH 分解生成的水是促进 BH 分解产生的含磷成分向多磷酸类结构转化的重要媒介。

为了探究 Al 元素是否参与多磷酸类的反应过程，进行了 Al 元素的能谱分析（图 3.12）。14ATH14B6E、14AO14B6E 和 AO 中的 Al 元素展现出了相似的结合能，说明这三个样品中的 Al 的化学结构相似。由于 ATH 结构中的 Al 比 AO 中 Al 的结合能低，而 14ATH14B6E 样品燃烧后 Al 的结合能升高，说明 ATH 转变为 AO，也进一步说明 Al 元素没有参与多磷酸类的反应过程。

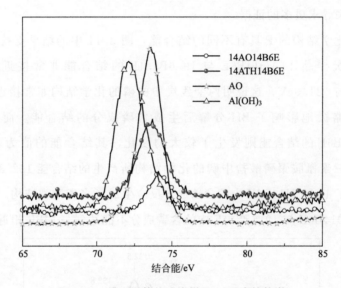

图 3.12　锥形量热仪残炭样品 Al 元素的能谱

3.2.2.4　阻燃机理分析

在 ATH/BH/EG 三元阻燃体系中，系统性地研究了 ATH 联合 BH/EG 在凝聚相中的协同阻燃机理（图 3.13）。当 ATH/BH/EG/RPUF 被点燃时，EG 能够快速地膨胀形成疏松的蠕虫状的隔热层，同时，ATH 分解释放水分子，降低燃烧过程中聚合物基体表面的环境温度。紧接着，水分子直接与磷酸酯或者衍生物反应生成多磷酸类物质。蠕虫状膨胀后的炭层、AO 与多磷酸类物质紧密结合，从而形成完整致密且富磷的炭层。这些炭层不仅阻隔了可燃性

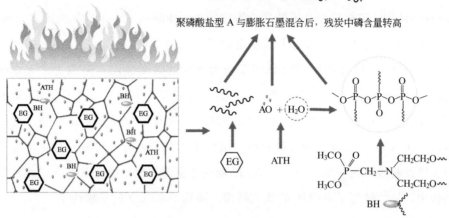

聚磷酸盐型 A 与膨胀石墨混合后，残炭中磷含量转高

图 3.13　ATH/BH/EG 阻燃体系机理

气体的透过，还抑制了热反馈。此外，还有效地降低了基体的燃烧分解速率。反应生成的多磷酸类物质能够在残炭中锁住更多的含磷含碳成分，从而减少了产烟量。因此 ATH/BH/EG 能够在凝聚相中发挥优异三元协同阻燃效应，从而赋予材料更为优异的阻燃性能。

3.2.2.5　物理性能分析

作为一个保温材料，RPUF 在满足阻燃性能的基础上更需要满足力学性能。其中包括表观密度及压缩强度，相关数据列于表 3.8 中。

表 3.8　试样的物理性能

样品	表观密度/(kg/m^3)	压缩强度/MPa
纯 RPUF	35.2	0.20
8ATH14B6E	47.4	0.19
14ATH14B6E	55.5	0.18
8AO14B6E	51.8	0.24
14AO14B6E	54.8	0.27
19.6B8.4E	49.6	0.22

表观密度是衡量材料轻重的物理量，从数据可以看出，随着 AO 和 ATH

含量的增加，RPUF 的密度也增加，密度范围在 $47 \sim 55 \mathrm{kg/m^3}$ 之间。这一密度在阻燃 RPUF 中属于轻质聚氨酯泡沫材料级别，同时这一结果也说明 ATH/BH/EG 阻燃体系并不能影响泡沫的加工性能。

压缩强度是满足 RPUF 实际使用的重要的力学性能。虽然从上面的结果中可以发现 ATH 能够赋予阻燃体系较为优异的阻燃性能，但从力学方面来说，AO 则能够赋予阻燃体系更为优异的力学性能。从表 3.8 与图 3.14 能够明显地看到这一点，随着 AO 含量在 BH/EG/RPUF 中增加，压缩强度随之提高。而从图 3.14 曲线中可以看出，试样 14ATH20BE 在压缩过程中产生了两次脆性断裂。这一结果是由于 ATH 颗粒能够均匀地分散在 RPUF 的泡孔壁结构中，从而破坏了 RPUF 的微观结构，降低了 RPUF 的压缩性能。

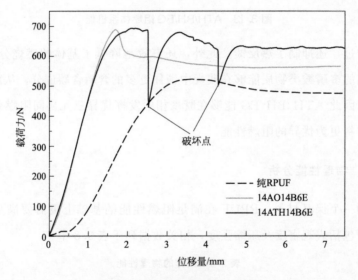

图 3.14　RPUF 压缩测试曲线图

3.2.3　小结

对比 ATH/BH/EG/RPUF 与 AO/BH/EG/RPUF 两个阻燃体系的阻燃性能及物理性能，发现 AO/BH/EG 体系并不能表现出较为优异的阻燃效果，而能表现出较为优异的力学性能。与之相对应的 ATH/BH/EG 阻燃体系，能够赋予 RPUF 较为优异的阻燃性能，在明显地增加 LOI 值且降低 PHRR、

MLR（质量损失速率）的同时，维持 TSR 与 THR 保持在一个较低的级别。这种优异的阻燃效应，一方面归因于 ATH 分解产生的水分子能够有效地降低基体材料环境温度与烟雾，另一方面水分子能够与 BH/EG/RPUF 分解后的产物发生反应，生成富磷炭层，同时有效地黏附 AO 与膨胀后的蠕虫状炭层，在凝聚相中起到阻隔热量、抑制火焰的作用。因此 ATH 能够协同 BH/EG 在凝聚相中发挥优异的协同阻燃作用。

3.3 磷杂菲衍生物 TDBA/ATH/EG 高成炭硬质聚氨酯泡沫的制备及其阻燃性能

成炭性能是反映材料阻燃性能的一项重要指标。为了制备具有高成炭性能的硬质聚氨酯泡沫材料，在本节中，将实验室合成的一种磷杂菲衍生物 TDBA，结构式如图 3.15 所示，与氢氧化铝和可膨胀石墨共同应用于硬质聚氨酯泡沫材料中，制备了新型高成炭阻燃聚氨酯复合材料，对材料的阻燃性能、热性能和物理性能进行了研究。

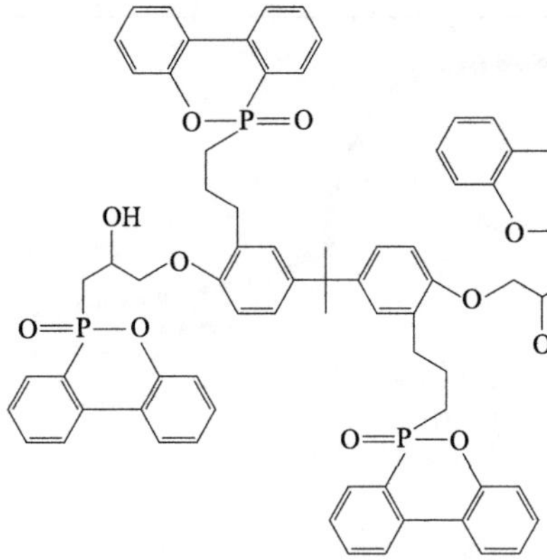

图 3.15　TDBA 的化学结构式

3.3.1　TDBA/ATH/EG 三元体系阻燃硬质聚氨酯泡沫材料配方

表 3.9 所示为 RPUFs 的配方。

表 3.9   RPUFs 的配方   单位：g

样品	450L/催化剂①/PAPI	阻燃剂			H₂O	环戊烷
		TDBA	ATH	EG		
纯 RPUF	72/4.9/108	—	—	—	0.9	9.0
4TDBA/RPUF	72/4.9/108	11	—	—	0.9	9.0
14ATH/8EG/RPUF	72/4.9/108	—	37	22	0.9	9.0
4TDBA/14ATH/8EG/RPUF	72/4.9/108	11	37	22	0.9	9.0

① 催化剂为 KAc、Am-1、DMCHA、SD-622 的混合物，并且他们的添加比例为 0.4∶0.4∶1.4∶2.7。

3.3.2   TDBA/ATH/EG 三元体系阻燃硬质聚氨酯泡沫的行为规律

3.3.2.1   热失重分析

为了探究添加不同阻燃剂对 RPUF 样品的成炭性能和热性能的影响，对样品进行了热失重测试。RPUFs 样品的热失重曲线如图 3.16 所示，热失重数据列于表 3.10 中。

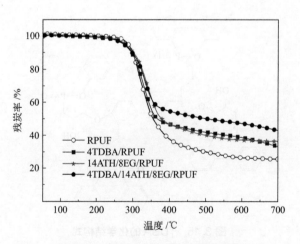

图 3.16   RPUFs 样品的热失重曲线

阻燃样品 5% 时的分解温度（$T_{d,5\%}$）普遍低于纯样，而最大分解速率时的分解温度（$T_{d,max}$）又普遍高于纯样，表明阻燃剂的添加促进了基体的提前分解，同时提高了基体燃烧后期的热稳定性。样品 4TDBA/RPUF 和 14ATH/

表 3.10   RPUFs 的热失重数据

样品	$T_{d,5\%}/℃$	$T_{d,max}/℃$	残炭率(700℃)/%
纯 RPUF	288	315	25.5
4TDBA/RPUF	279	327	33.0
14ATH/8EG/RPUF	281	337	36.3
4TDBA/14ATH/8EG/RPUF	276	331	42.9

8EG/RPUF 的残炭率明显高于纯样，说明阻燃体系 ATH/EG 和 TDBA 均能明显提高 RPUF 的成炭性能。并且样品 4TDBA/14ATH/8EG/RPUF 在700℃时的残炭率达到了最高值 42.9%，明显高于样品 4TDBA/RPUF 和14ATH/8EG/RPUF，表明三者复配使用时，对于 RPUF 的成炭作用产生了更好地提升效果，具有协同成炭效应。

3.3.2.2   阻燃性能分析

通过 LOI 和锥形量热仪测试表征了样品的阻燃性能。测试结果如表 3.11所示。从表中可以看出纯 RPUF 的 LOI 值仅为 18.5%，当添加 4% TDBA 到RPUF 中时，样品 4TDBA/RPUF 的 LOI 值能提高到 19.0%，说明阻燃剂TDBA 仅能轻微地提高 RPUF 的阻燃性能。样品 4TDBA/14ATH/8EG/RPUF 的 LOI 值能提高到 27.7%，高于样品 4TDBA/RPUF 和 14ATH/8EG/RPUF 的 LOI 值。表明在燃烧过程中 4TDBA/14ATH/8EG 阻燃体系能够赋予 RPUF 更好的阻燃性能。

表 3.11   RPUFs 的 LOI 与锥形量热仪测试结果

样品	LOI/%	PHRR/(kW/m²)	Av-EHC/(MJ/kg)	THR/(MJ/m²)	TSR/(m²/m²)	Av-COY/(kg/kg)	Av-CO₂Y/(kg/kg)	残炭率/%
RPUF	18.5	373	22.2	29.8	843	0.16	2.29	1.4
4TDBA/RPUF	19.0	315	22.3	27.1	877	0.19	2.34	12.1
14ATH/8EG/RPUF	27.5	181	22.4	20.6	219	0.09	2.61	43.4
4TDBA/14ATH/8EG/RPUF	27.7	161	21.2	18.5	256	0.14	2.60	48.1

锥形量热仪测试能够有效地表征材料在实际火灾中的燃烧行为。在锥形量热仪测试过程中所有样品的测试时间均为 400s。RPUFs 的热释放速率曲线如图 3.17 所示，PHRR、Av-EHC、THR、TSR、Av-COY、Av-CO$_2$Y 和 400s 时的残炭率如表 3.11 所示。

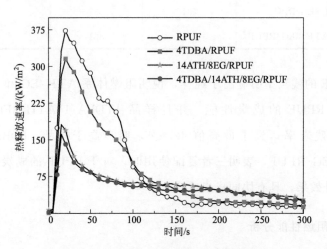

图 3.17　RPUFs 的热释放速率曲线图

从表 3.11 和图 3.17 可以看出，所有 RPUFs 样品在点燃后均迅速燃烧并且热释放速率迅速达到最大值。纯样的 PHRR 为 373kW/m²，添加了 4% TDBA 后，样品 4TDBA/RPUF 的 PHRR 相比纯样有所降低，说明阻燃剂 TDBA 能够降低样品的燃烧强度。而样品 4TDBA/14ATH/8EG/RPUF 的 PHRR 降低到 161kW/m²，明显低于样品 4TDBA/RPUF 和 14ATH/8EG/RPUF 的 PHRR 值，说明 4TDBA/14ATH/8EG 阻燃体系在抑制 RPUF 燃烧强度方面发挥了协同作用。相应的样品 4TDBA/14ATH/8EG/RPUF 的 Av-EHC 和 THR 也明显低于其他样品，进一步证实了 4TDBA/14ATH/8EG 三元阻燃体系相互作用共同赋予了 RPUF 更好的火焰抑制效应。同时，作为建筑外墙保温材料，TSR、Av-COY 和 Av-CO$_2$Y 也是评价 RPUF 火灾危险性的重要参数。4TDBA/14ATH/8EG/RPUF 样品的 TSR、Av-COY 和 Av-CO$_2$Y 数值均介于 4TDBA/RPUF 和 14ATH/8EG/RPUF 样品之间，这一结果表明 4TDBA/14ATH/8EG 三元阻燃体系所发挥的优异的阻燃性能是由三种阻燃剂共同作用所产生的。

RPUFs 的质量损失曲线如图 3.18 所示，结合表 3.11 中的残炭率数据，可以看出随着温度的升高，纯 RPUF 和 4TDBA/RPUF 的质量损失速率都较高。但不同的是，在 400s 时 4TDBA/RPUF 的残炭率为 12.1%，远高于纯样 1.4% 的残炭率。这表明 TDBA 主要通过凝聚相促进成炭发挥阻燃作用。样品 4TDBA/14ATH/8EG/RPUF 和 14ATH/8EG/RPUF 的质量损失速率相近并且十分的缓慢，说明阻燃体系 14ATH/8EG 具有很强的凝聚相阻隔效应，能够有效地减少燃料的释放，提高成炭率。更为突出的是，样品 4TDBA/14ATH/8EG/RPUF 在 400s 时的残炭率达到最高值 48.1%，高于 14ATH/8EG/RPUF 样品，这表明，TDBA 的加入进一步提高了 14ATH/8EG 阻燃体系的成炭作用，赋予了材料更好的阻隔效应。

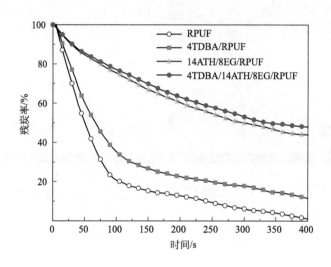

图 3.18　RPUFs 的质量损失曲线

3.3.2.3　锥形量热仪残炭的 SEM 分析

为了进一步解释 TDBA 复配 ATH/EG 阻燃体系在凝聚相的阻燃机理，对 RPUFs 样品锥形量热仪测试的残炭进行了 SEM 测试。RPUFs 燃烧后残炭在 400 倍下的微观形貌如图 3.19 所示。从图 3.19(a) 中可以看出纯样的残炭具有很多孔洞，这些孔洞促进了燃烧过程中可燃性气体和热量的传播，从而导致基体更加充分地燃烧。样品（b）4TDBA/RPUF 和（c）14ATH/8EG/RPUF 的残炭表面开孔，裂纹较少，相对纯样更加完整致密，证明了 TDBA 和 14ATH/8EG 都能在凝聚相发挥阻隔作用，从而提高样品的残炭率。这主要是由于 TDBA 在燃烧时分解生成大量富磷残炭，促进基体形成致密的炭层，从而阻隔热量和氧气的传递。图 3.19（d）中样品 4TDBA/14ATH/8EG/RPUF 的残炭表现出一层完整的闭孔膜，在燃烧过程中能够进一步阻碍燃料的释放和传递，相比其他样品，4TDBA/14ATH/8EG/RPUF 能表现出更加优异的阻隔作用。这主要是由于 TDBA 分解产生的含磷化合物能黏附蠕虫

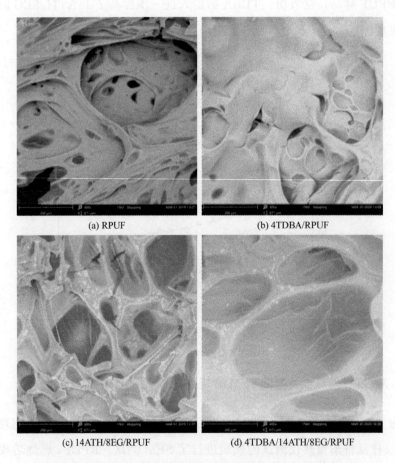

(a) RPUF   (b) 4TDBA/RPUF

(c) 14ATH/8EG/RPUF   (d) 4TDBA/14ATH/8EG/RPUF

图 3.19　RPUFs 燃烧后残炭的扫描电镜照片（400×）

状石墨和氢氧化铝分解生成的氧化铝,从而形成更加完整致密的炭层。这一结果进一步解释了 4TDBA/14ATH/8EG/RPUF 样品具有较高残炭的原因。

3.3.2.4 物理性能分析

为了确保阻燃剂的加入不会影响材料的综合性能,对 RPUFs 的表观密度和压缩强度进行了测试。结果如表 3.12 所示。随着阻燃剂的加入,材料的表观密度逐渐增加,但都维持在 55kg/m³ 以内,并不会影响材料的加工和使用。阻燃剂的加入对材料的压缩性能并没有产生太大影响。这说明阻燃剂的加入对RPUF 的泡孔结构并没有产生影响。进一步证明了阻燃体系不会影响聚氨酯硬泡材料在现实中的应用。

表 3.12　RPUFs 的物理性能

样品	表观密度/(kg/m³)	压缩强度/MPa
RPUF	38.3	0.23
4TDBA/RPUF	37.6	0.24
14ATH/8EG/RPUF	53.4	0.25
4TDBA/14ATH/8EG/RPUF	54.0	0.23

3.3.3　小结

利用 TDBA、ATH 和 EG 制备了具有高成炭性能的聚氨酯泡沫材料,所得结果如下:

(1) 当 TDBA 添加到 RPUF 中时,能提升体系的 LOI,降低 PHRR,提高残炭量至 12.1%,在凝聚相表现了优异的成炭效应。

(2) 将 ATH 和 EG 添加到 TDBA/RPUF 体系中时,能进一步提高材料的成炭性能。当 14% ATH、8% EG 与 4% TDBA 复配添加到 RPUF 中时,能显著降低样品的 PHRR、Av-EHC 和 THR,提高残炭率至 48.1%。

(3) 在氮气气氛中,阻燃剂 ATH、EG 和 TDBA 的加入促进了 RPUFs 的提前分解,同时提高了基体燃烧后期的热稳定性,这有助于提高材料在燃烧初期的成炭效应。

（4）4TDBA/14ATH/8EG 体系能促进样品形成完整致密的闭孔膜残炭，在凝聚相中发挥协同成炭效应，有效地降低了材料的燃烧强度，延缓了热量的释放。

第4章 含磷杂菲的四元体系阻燃硬质聚氨酯泡沫材料的快速自熄阻燃行为

根据之前的研究，反应型阻燃剂 TGD 一方面能够在燃烧过程中促进生成完整而致密的富磷炭层，有效地黏附疏松的蠕虫状炭层，从而在凝聚相中阻隔火焰与热量的传递；另一方面受热分解释放 PO· 和 PO$_2$· 自由基，能够在气相中发挥猝灭作用，终止燃烧过程的链式反应，从而能够在硬质聚氨酯泡沫材料（RPUF）中发挥优异的阻燃效应。RPUFs 在我们之前的研究中未能实现迅速熄灭，释放大量热量。本章将介绍具有自熄行为的 RPUF 材料，结合前面介绍的多种阻燃效应，将反应型阻燃剂 TGD 和添加型阻燃剂可膨胀石墨（EG）、氢氧化铝（ATH）和甲基膦酸二甲酯（DMMP）复合来构建具有更好自熄效应的阻燃 RPUFs。

4.1 接入磷杂菲基团的硬质聚氨酯泡沫的配方及制备

所有 RPUFs 均通过箱式发泡法制备。阻燃体系由 TGD、DMMP、ATH 和 EG 组成。样品配方列于表 4.1 中。TGD 含有三个羟基，因此它可以通过

表 4.1 RPUFs 的配方　　　　　　　　单位：g

样品	450L/催化剂①/PAPI	阻燃剂			H$_2$O	141b
		TGD	DMMP	ATH/EG		
2TGD/8DMMP/EG-ATH	70/4.9/108	5.3	22	37/16	0.9	15
2TGD/EG-ATH	70/4.9/108	5.3	—	37/16	0.9	15
8DMMP/EG-ATH	72/4.9/108	—	22	37/16	0.9	15
2TGD/8DMMP	70/4.9/108	5.3	22	—	0.9	15
纯 RPUF	72/4.9/108	—	—	—	0.9	15

① 催化剂为 KAc、Am-1、DMCHA、SD-622 的混合物，并且他们的添加比例为 0.4：0.4：1.4：2.7。

羟基和异氰酸酯基团反应连接在 RPUF 基体中。其他阻燃剂用作 RPUF 中的添加型阻燃剂。将 TGD 和聚醚多元醇加热至 140℃并搅拌直至均匀，然后在室温下将催化剂、H_2O、HCFC-141b 和其他阻燃剂加入混合物中，充分搅拌。随后立即将 PAPI 加入上述混合物中并快速搅拌 20s 后倒入开口纸箱中（260mm×260mm×60mm），以获得自由发泡的 RPUFs。最后，将泡沫在室温下放置 24h 以便完全固化。

4.2 接入磷杂菲基团的硬质聚氨酯泡沫的快速自熄阻燃行为

4.2.1 接入磷杂菲基团的硬质聚氨酯泡沫的合成

在阻燃体系中，磷杂菲基团化合物 TGD 分子结构中含有三个羟基，所以能够连接到 RPUFs 的基体中。虽然热固性材料的化学结构由于它的不溶性不容易表征，但仍能从表征中找到一些辅助证据，提供一些线索来证明 RPUFs 的化学结构。为了证明 TGD 的羟基能和异氰酸酯反应连接到 RPUFs 的主链上，制备了含有 6% TGD 的样品 6TGD/RPUF，并对其进行了 FTIR 测试。测试结果如图 4.1 所示，在 6TGD/RPUF 样品中测得的 TGD 的典型特征峰中 1152cm^{-1}（P=O）、1106cm^{-1}（Ph）、914cm^{-1}（P—O—Ph）和 756cm^{-1}（O—R$_1$—Ph—R$_2$）证明了 6TGD/RPUF 样品中 TGD 的存在。TGD 中—OH

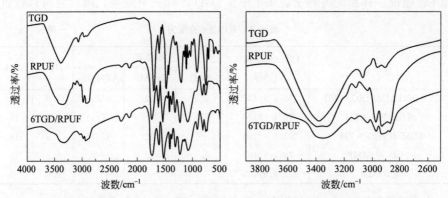

图 4.1 TGD、RPUF 和 6TGD/RPUF 样品的红外光谱图

基团的吸收峰在 3377cm^{-1}。RPUF 中在 3392cm^{-1} 和 3335cm^{-1} 处有两个吸收峰，这是由于 RPUF 中含有生成的—NH 基团和多元醇中未反应完全的剩余的—OH 基团。在 6TGD/RPUF 样品的红外光谱图中，虽然—OH 基团的吸收峰非常强，但在 3377cm^{-1}（—OH）附近的吸收峰并没有增强，说明 TGD 中的—OH 基团应该与异氰酸酯基团发生了反应，并将磷杂菲基团接到 RPUFs 的主链上。这是将磷菲基接枝到 RPUFs 基体上的主要证据。

4.2.2 接入磷杂菲基团的硬质聚氨酯泡沫的快速自熄阻燃行为

在火灾科学研究中，锥形量热仪测试是最重要的实验室研究方法，它可以揭示材料在燃烧发展阶段的防火性能。当通过锥形量热仪检测所有 RPUFs 样品时，样品之间产生了非常不同的结果。为了直接显示这些现象，使用视频记录所有测试过程，并从视频中获得从 0 到 90s 的特定时间的图片，这些图片在图

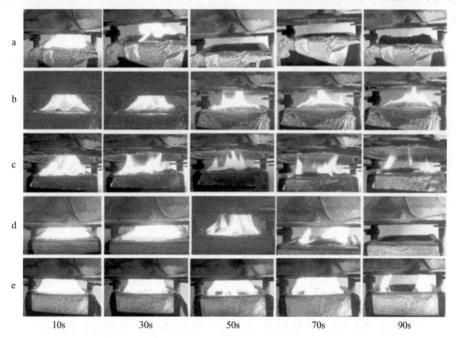

图 4.2 在锥形量热仪测试过程中接入磷杂菲基团的 RPUFs 的快速自熄阻燃行为

(a) 2TGD/8DMMP/EG-ATH；(b) 2TGD/EG-ATH；(c) 8DMMP/EG-ATH；

(d) 2TGD/8DMMP；(e) 纯 RPUF

4.2 中列出。在锥形量热仪测试期间，如图 4.2(e) 所示，纯 RPUF 持续剧烈燃烧直到基体完全分解；在图 4.2(b) 和 （c） 中，阻燃 RPUF 样品 2TGD/EG-ATH 和 8DMMP/EG-ATH 燃烧强度较弱，但燃烧时间长于纯 RPUF，这是因为阻燃剂抑制了基体的分解，从而延长了燃烧时间；在图 4.2(d) 中，样品 2TGD/8DMMP 在 75s 时熄灭，这意味着 TGD/DMMP 体系具有更好的灭火效果；在图 4.2(a) 中，与磷杂菲基团连接的 RPUF 样品 2TGD/8DMMP/EG-ATH 迅速熄灭火焰，在燃烧 49s 后火焰熄灭，只留下不燃烧的烟雾。RPUF 的快速自熄效应对于降低火灾危险，提高建筑领域保温材料的防火安全性有很强的实际意义。研究发现，只有含有 TGD 和 DMMP 的阻燃体系具有快速自熄效应，EG 和 ATH 能增强这种效果。因此，可以推断出适当比例的磷杂菲基团掺入 RPUF 基体，并与 DMMP、EG 和 ATH 共同作用，能够产生对火焰的快速熄灭效应。其具体原因将在随后的讨论中进一步分析。

4.2.3 阻燃性能

使用极限氧指数和锥形量热仪研究了 RPUFs 的阻燃性能，结果列于表 4.2 中。

表 4.2 LOI 测试结果和典型的锥形量热仪测试数据

样品	LOI /%	PHRR /(kW /m²)	THR /(MJ /m²)	Av-EHC /(MJ /kg)	TSR /(m² /m²)	Av-COY /(kg /kg)	Av-CO₂Y /(kg /kg)	TTF /s
2TGD/8DMMP/EG-ATH	32.9	114	8.3	8.4	943	0.24	1.38	49
2TGD/EG-ATH	27.6	122	21.1	17.6	392	0.12	2.02	372
8DMMP/EG-ATH	32.7	141	17.4	18.0	384	0.28	2.07	276
2TGD/8DMMP	24.5	193	15.2	14.3	991	0.28	1.83	75
纯 RPUF	19.4	357	31.3	24.5	1018	0.19	2.59	153

纯 RPUF 样品的 LOI 值仅有 19.4%。当在 RPUF 中添加了阻燃剂，样品 2TGD/8DMMP/EG-ATH 的 LOI 值增加到 32.9%，不仅高于纯 RPUF 的 LOI 值，而且高于样品 2TGD/EG-ATH、2TGD/8DMMP 和 8DMMP/EG-ATH 的 LOI 值。样品 8DMMP/EG-ATH 的 LOI 值高达 32.7%，证明

DMMP、EG 和 ATH 在提高 LOI 性能方面形成了协同效应。TGD 的加入不仅带来了快速的自熄效果，而且能进一步轻微地提高 RPUF 的 LOI 值。阻燃剂 TGD、DMMP、EG 和 ATH 能共同提高 RPUF 的阻燃性能。

锥形量热仪测试的部分特征参数列于表 4.2 中。所有样品的 HRR 曲线如图 4.3 所示。所有阻燃 RPUFs 均能够抑制火焰燃烧强度，并降低 PHRR 值。样品 2TGD/8DMMP/EG-ATH 的 PHRR 值达到最低值 114kW/m²，比纯 RPUF 降低了 68.1%。结果表明，阻燃剂体系 TGD/DMMP/EG/ATH 对火焰具有良好的联合抑制效应。与样品 8DMMP/EG-ATH 相比，含 2% 磷杂菲化合物 TGD 的样品 2TGD/EG-ATH 的 PHRR 值从 141kW/m² 降至 122kW/m²，进一步降低了 13.5%。这一结果表明，含磷杂菲基团的化合物 TGD 对火焰燃烧强度的抑制效果优于 DMMP。根据图 4.3 中的 HRR 曲线，样品 2TGD/8DMMP/EG-ATH 的热释放速率在 25s 后迅速下降，50s 后降至非常低的水平，这与 49s 后样品的快速自熄现象相对应。结合其他样品的几个现象：样品 2TGD/8DMMP 也在 75s 后熄灭，纯 RPUF 持续强烈的热量释放，其他阻燃样品在较低强度下长时间维持燃烧过程。结合这些现象可以确认这一结果，就是快速自熄效应应该是由 TGD 和 DMMP 的协同作用引起的，并且由 EG 和 ATH 两种组分进一步加强。

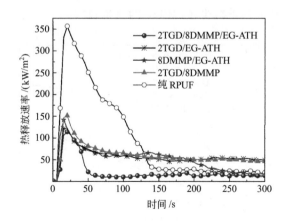

图 4.3 RPUFs 的 HRR 曲线

快速自熄效应产生的原因可以通过锥形量热仪的其他数据来进一步解释。

在表 4.2 中，样品 2TGD/EG-ATH 和 8DMMP/EG-ATH 的 Av-EHC 值分别降至 17.6MJ/kg 和 18.0MJ/kg，与纯 RPUF 相比降低了 28.2％和 24.5％。根据先前的研究，两种含磷化合物 TGD 和 DMMP 对降低 Av-EHC 值起主要作用。当两种含磷化合物 TGD 和 DMMP 共同应用于 RPUF 时，样品 2TGD/8DMMP 的 Av-EHC 值较低，为 14.3MJ/kg，与 2TGD/EG-ATH 或 8DMMP/EG-ATH 相比，进一步降低了 18.8％或 20.6％。结果表明，在一个体系中同时含有 TGD 和 DMMP 时，对气相燃烧过程具有较高的猝灭抑制效应。此外，当 TGD 和 DMMP 与 EG 和 ATH 共同使用时，样品 2TGD/8DMMP/EG-ATH 的 Av-EHC 值显著地降低至 8.4MJ/kg，这表明 TGD 和 DMMP 体系的猝灭效应得到加强。2TGD/8DMMP/EG-ATH 的快速自熄效应主要是由阻燃体系在气相优异的猝灭效应引起的。

　　阻燃体系对 RPUFs 的总热释放量（THR）也起到明显的抑制作用。THR 曲线如图 4.4 所示。样品 2TGD/8DMMP/EG-ATH 的 THR 值仅为 8.3MJ/m²，与不含 2％ TGD 的样品 8DMMP/EG-ATH 相比，降低了 52.3％。从图 4.4 中可以看出，样品 2TGD/8DMMP/EG-ATH 的 THR 值始终在所有样品中处于最低水平。样品 TGD/8DMMP/EG-ATH 明显低的 THR 值应该是由阻燃体系的快速自熄效应造成的。对火焰的快速自熄效应使燃烧在短时间内终止，从而显著减少了 RPUF 的热量释放。

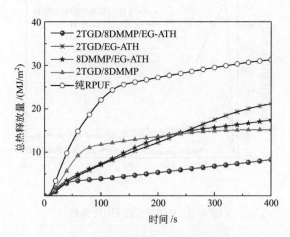

图 4.4　RPUFs 的 THR 曲线

此外，表 4.2 中的数据还显示了所有样品的 TSR、Av-CO$_2$Y 和 Av-COY 的值。样品 2TGD/8DMMP 的 TSR 值明显高于样品 8DMMP/EG-ATH 和 2TGD/EG-ATH 的值，这进一步证明 TGD 和 DMMP 能够共同在气相中发挥更有效的猝灭效应，导致更多不完全燃烧碎片的产生。样品 2TGD/8DMMP/EG-ATH 的 TSR 值与 2TGD/8DMMP 相似，表明 TGD 和 DMMP 系统在气相中的猝灭效应保留在阻燃体系 TGD/DMMP/EG/ATH 中。这就是这两个样品都具有快速自熄效应的原因。样品 2TGD/8DMMP/EG-ATH 的 Av-COY 和 Av-CO$_2$Y 的总量小于其他样品，表明样品在气相中的产物减少，并且释放了更少的燃料。与其他样品相比，样品 2TGD/8DMMP/EG-ATH 中 CO 和 CO$_2$ 总的气体释放量中 CO 的百分比增加，证明发生了更多的不完全燃烧行为。在 2TGD/8DMMP/EG-ATH 中，快速自熄效应终止了燃烧过程，减少了完全燃烧产物 CO$_2$ 的释放，不完全燃烧产物 CO 的释放量则维持在较高水平。根据前面的讨论，锥形量热仪的典型参数均证明了特定体系的快速自熄效应，并且揭示了这一体系在 RPUF 燃烧过程中的阻燃作用机理。

4.2.4 锥形量热仪测试后残炭的微观形态分析

为了更好地了解阻燃体系在凝聚相中的快速自熄效应，锥形量热仪测试后残炭的 SEM 照片如图 4.5 所示。样品纯 RPUF、2TGD/8DMMP 和 8DMMP/EG-ATH 的残炭比较破碎，但样品 2TGD/8DMMP/EG-ATH 和 2TGD/EG-ATH 的残炭完整紧密，这主要归因于 TGD 和 EG/ATH 的共同成炭效应。如图 4.5(a) 和图 4.5(b) 所示，包含 TGD 的 RPUF 样品形成膜状残炭，并且将膨胀石墨微粒黏附在膜中。TGD 作为一种反应型阻燃剂，与 RPUF 基体相连，在凝聚相中能够产生比 DMMP 更多的富磷残炭，然后黏附膨胀石墨，生成致密炭层，可以有效锁定更多残炭，减少可燃气体的释放。这应该是 TGD/DMMP/EG/ATH 体系的另一种作用方式，这种作用也有助于形成快速自熄效应。

4.2.5 热失重分析

TGA 作为热解行为的研究工具，还用于追踪热降解过程和了解阻燃剂在

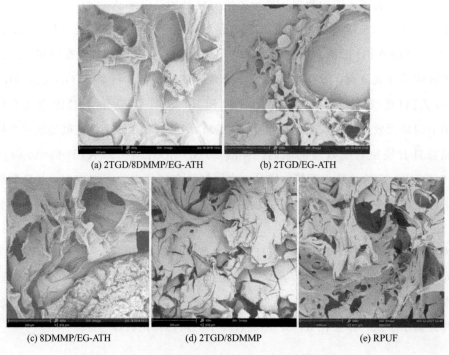

(a) 2TGD/8DMMP/EG-ATH   (b) 2TGD/EG-ATH

(c) 8DMMP/EG-ATH   (d) 2TGD/8DMMP   (e) RPUF

图 4.5　锥形量热仪测试后残炭的 SEM 照片（400×）

基体中的作用方式。所有 RPUFs 样品的 TGA 曲线如图 4.6 所示，表 4.3 中列出了一些典型参数。TGA 曲线显示，与不含 TGD 的样品 8DMMP/EG-ATH相比，样品 2TGD/8DMMP/EG-ATH 和 2TGD/EG-ATH 均导致残

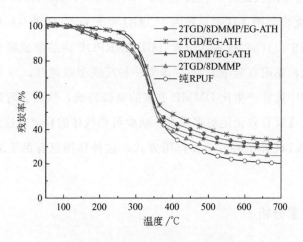

图 4.6　RPUFs 样品的 TGA 曲线

表 4.3　RPUFs 的热力学参数

样品	$T_{d,5\%}/℃$	$T_{max1}/℃$	$T_{max2}/℃$	残炭率(700℃)/%
2TGD/8DMMP/EG-ATH	189	170	335	31.2
2TGD/EG-ATH	267	—	340	34.2
8DMMP/EG-ATH	167	157	336	29.1
2TGD/8DMMP	182	184	338	24.6
纯 RPUF	273	—	344	21.3

炭率提高。样品 8DMMP/2TGD/EG-ATH（31.2%）和 2TGD/EG-ATH（34.2%）在 700℃时的残留数量均高于其他样品，证实磷杂菲化合物 TGD 具有更好的成炭效应，有助于锁定更多的残炭。此外，具有快速自熄效应的样品 2TGD/8DMMP/EG-ATH 表现出两阶段热降解过程，而不含 DMMP 的其他样品只有一阶段热降解过程。根据以前的研究，第一个热降解阶段是由 DMMP 的释放引起的，接近 DMMP 的分解温度 180～200℃。在此温度阶段，DMMP 的分解释放 PO· 和 PO$_2$· 自由基实现自由基猝灭效应。但 DMMP 是一种添加型化合物，在早期燃烧阶段会迅速挥发，然后阻燃体系会失去持久的猝灭效应；体系中 TGD 的初始分解温度高于 250℃，TGD 会继续分解并发挥猝灭效应和成炭效应。因此，在样品 2TGD/8DMMP/EG-ATH 中，DMMP 和 TGD 在气相中会产生连续猝灭效应，TGD 和 EG/ATH 在凝聚相中共同发挥成炭效应和阻隔效应。而所有的这些阻燃效应共同作用导致了快速自熄效应的形成。

4.2.6　裂解气体的 TGA/FTIR/GC-MS 分析

为了研究 RPUFs 样品热分解过程中热解产物的结构信息，通过 TGA/FTIR 检测了 TGA 测试过程中不同温度下释放的气体。图 4.7 显示了热解产物在 4000～500cm^{-1} 范围内的 FTIR 光谱。在图 4.7 样品 2TGD/8DMMP/EG-ATH、8DMMP/EG-ATH 和 2TGD/8DMMP 的光谱图中，170℃ 下在 1272cm^{-1} 和 1050cm^{-1} 左右出现的两个新峰，来自 DMMP 热解的 P ═O 和 P—O—C 的拉伸振动。与纯 RPUF 和 2TGD/EG-ATH 样品相比，样品

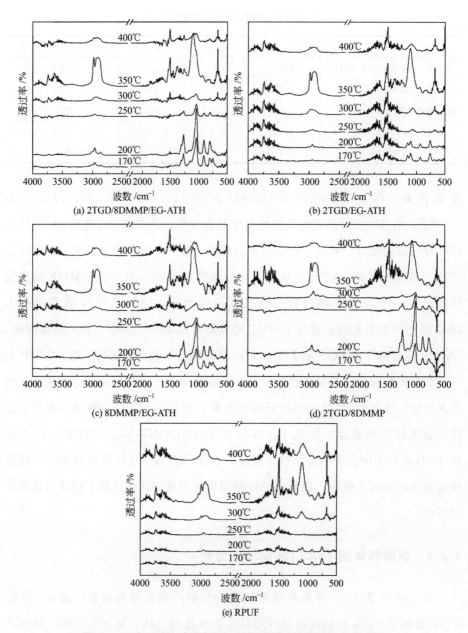

图 4.7 TGA 测试过程中不同温度下裂解气体的红外光谱图

2TGD/8DMMP/EG-ATH 和 8DMMP/EG-ATH 的红外光谱三个峰 3700cm⁻¹
(O—H 拉伸振动)、1720cm⁻¹(C=O 拉伸振动) 和 1506cm⁻¹(N—H 弯曲振
动) 在 200℃ 以下消失。从 250～400℃，样品 2TGD/8DMMP/EG-ATH 的三

个特征峰的强度也低于其他样品，特别是样品 2TGD/8DMMP/EG-ATH 在 1720cm^{-1} 处的峰值从 200℃ 到 400℃ 几乎消失。1720cm^{-1} 的热分解产物主要是醛和酮类化合物，它们是可燃性气体。因此，磷杂菲化合物 TGD 与 RPUF 基体中的 DMMP、ATH 和 EG 共同作用，显著降低了可燃性醛和酮类化合物的释放。因此，快速自熄效应除了与连续猝灭效应、成炭效应和阻隔效应有关外，还与减少的燃料数量有关。

此外，通过 GC-MS 检测阻燃 RPUFs 样品第二阶段质量损失产生的裂解气体，得到的结果如图 4.8 所示。样品 2TGD/8DMMP/EG-ATH 和 2TGD/EG-ATH 大约在 11min 时均释放出典型的由 TGD 裂解生成的磷杂菲碎片（$m/z=215$）、苯基-苯氧基（$m/z=168$）和（苯基，甲基）-磷酰基自由基（$m/z=139$）。这一现象证实，TGD 不仅减少了燃料的释放，促进了成炭过程，而且还在热分解的第二步中释放出具有猝灭作用的苯氧自由基。这就进一步揭示了样品 2TGD/8DMMP/EG-ATH 产生快速自熄效应的原因。

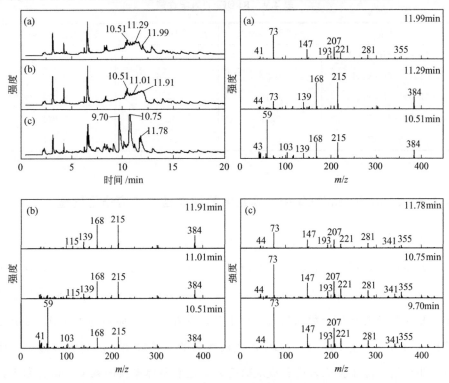

图 4.8 阻燃 RPUFs 的 GC-MS 曲线图

4.2.7　力学性能

作为应用领域中最重要的性能参数，对上述样品的力学性能包括压缩强度、表观密度和热导率也都进行了测试，数据列于表 4.4 中。TGD 的加入导致样品压缩强度略微增加，这是由于 TGD 的三个羟基与异氰酸酯反应后将刚性的磷杂菲结构引入到了 RPUF 基体中。因此，TGD 的加入有助于提高 RPUF 材料的压缩强度，从而产生更好的应用价值。在表 4.4 中，表观密度的数值随着阻燃剂的添加而增加。但是，它们都维持在 $45kg/m^3$ 以下，并不会影响材料的应用。RPUF 由于其较低的热导率，被广泛用作隔热材料。根据表 4.4 中的数据，RPUFs 的热导率低于 $0.024W/(m \cdot K)$，这意味着材料具有优异的隔热性能。所有结果表明，在基体中加入快速自熄阻燃体系不会明显影响 RPUF 的力学性能。

表 4.4　RPUFs 的力学性能

样品	压缩强度/MPa	表观密度/(kg/m³)	热导率/[W/(m·K)]
2TGD/8DMMP/EG-ATH	0.19	43.8	0.023
2TGD/EG-ATH	0.22	44.6	0.022
8DMMP/EG-ATH	0.16	44.3	0.024
2TGD/8DMMP	0.17	32.0	0.024
纯 RPUF	0.18	36.5	0.022

4.2.8　2TGD/8DMMP/EG-ATH 体系中的快速自熄效应作用机理

在 DMMP/TGD/EG/ATH 复合阻燃体系中，协同阻燃机理如图 4.9 所示。基于前面的讨论，在燃烧初始阶段，添加型阻燃剂 DMMP 通过释放含磷化合物在气相中发挥猝灭效应。然后，反应型阻燃剂 TGD 开始分解磷杂菲基团，从而释放含磷化合物和苯氧基自由基，并在该燃烧阶段与 DMMP 形成连续猝灭效应。在这个阶段，TGD 还生成致密的富磷炭层，从而能够抑制基体进一步分解。除了猝灭效应和成炭效应外，还有基体燃料的减少，这有利于直接降低燃烧强度。上述这些阻燃效应在样品 2TGD/8DMMP/EG-ATH 的燃烧

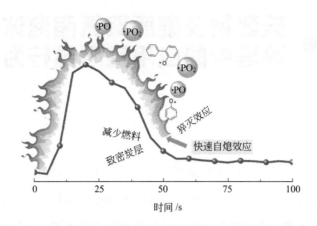

减少燃料

致密炭层

淬灭效应

快速自熄效应

时间 /s

图 4.9　2TGD/8DMMP/EG-ATH 体系中的快速自熄效应作用机理

过程中共同发挥了作用，造成了 RPUF 材料的快速自熄效应。

4.3　小结

　　将反应型磷杂菲阻燃剂 TGD 通过羟基与异氰酸酯的反应连接到 RPUF 主链上，复配 DMMP、EG 和 ATH 应用于 RPUF 材料中，获得了具有快速自熄效应的 RPUF 阻燃体系。

　　(1) 当在 RPUF 中添加 2% TGD、8% DMMP、6% EG 和 14% ATH 时，样品 2TGD/8DMMP/EG-ATH 的 LOI 达到 32.9%，THR 和 Av-EHC 分别显著降低至 $8.3MJ/m^2$ 和 $8.4MJ/kg$。并且，在锥形量热仪测试中，样品 2TGD/8DMMP/EG-ATH 在持续热辐射下点火后迅速熄灭，熄灭的时间仅为 49s，表现出快速自熄现象。

　　(2) 在 TGD/DMMP/EG/ATH 阻燃体系中，TGD 和 DMMP 在气相中形成连续淬灭效应；在凝聚相中，TGD、EG 和 ATH 共同提高了残炭率，生成了致密炭层，提高了炭层对 RPUF 基体的屏障效应；TGD/DMMP/EG/ATH 也共同减少了燃料的释放。连续淬灭效应、燃料的减少和致密炭层的形成共同促进了易燃 RPUF 材料的快速自熄效应的形成。

第5章 硅酸钠在硬质聚氨酯泡沫表面涂层中的应用及阻燃行为

硬质聚氨酯泡沫（RPUF）由于热导率低、抗压强度高、质轻、黏结性好、易于加工等一系列优点，在建筑墙体节能保温领域具有广泛的应用。采用聚氨酯等高分子泡沫塑料替代传统无机保温材料广泛用于建筑领域也已成为各国持续发展经济、节约能源的重要措施之一。

硬质聚氨酯泡沫材料自身暴露在热源或火源下极易燃烧，且火焰传播速度非常快，其LOI值仅为19.2%。因此，该材料在建筑领域进一步应用时需要大力提高其阻燃性能。

目前，解决硬质聚氨酯泡沫材料易燃问题主要有两种途径：①通过使用阻燃剂对材料芯材进行阻燃改性；②通过使用有机或无机阻燃剂对材料表面做阻燃处理。例如，专利申请号201220017493.6公开了一种六面包覆型阻燃聚氨酯保温复合板，其特点在于它的六面是由阻燃水泥基界面毡包覆的，具有较好的表面阻燃性能；类似地，201020232569.8公开了一种防水保温防火装饰一体板，同样对表面做了阻燃处理。

在本节所述研究中，选取了一种无机盐——硅酸钠，并制备了不同浓度（以质量分数计）的硅酸钠水溶液（俗称水玻璃，具有很强的黏合性）。可以通过将泡沫材料浸渍于硅酸钠水溶液的方法来获取材料的表面涂层，进而解决硬质聚氨酯泡沫表面易燃的问题。

5.1 硬质聚氨酯泡沫材料及表面涂层的制备

表5.1所示为未阻燃的F0配方。

表 5.1　未阻燃的 F0 配方　　　　　　　　　单位：g

组分 A							组分 B
450L	KAc	Am-1	DMCHA	141b	水	匀泡剂	PAPI
72.00	0.36	0.36	1.44	14.40	0.90	2.70	108.00

阻燃的 F2 的配方是在 F0 的基础上添加 10％的阻燃剂，阻燃剂为 DMMP4.46g，EG 为 17.86g。

实验中取试样 F0 与 F2 作为泡沫芯材，每组试样分别制作尺寸为 100mm× 100mm×30mm 的泡沫 5 块，称每块泡沫的质量，并作记录，备用。

表面涂层的制备：首先，配制质量分数分别为 30％、50％、70％、90％ 的硅酸钠水溶液；然后，以试样 F0 为例，取其中 4 块泡沫，分别完全浸渍于 上述不同浓度的水溶液中，静置，使其充分吸收溶液，剩余的一块不作任何处 理；最后取出烘干至恒重，冷却后称重，计算泡沫表面所附着固体硅酸钠的质 量。试样 F2 的处理方法同上。在这里，试样 F0 中的 5 块泡沫分别记作 F0-0、 F0-30％、F0-50％、F0-70％、F0-90％；试样 F2 中的 5 块泡沫分别记作 F2-0、 F2-30％、F2-50％、F2-70％、F2-90％。每块泡沫处理前后的质量变化如 表 5.2所示。

表 5.2　试样处理前后质量变化　　　　　　　　单位：g

	试样	初重	终重	净增重（即 Na_2SiO_3 质量）
F0	F0-0	9.86	9.86	0
	F0-30％	9.65	10.28	0.63
	F0-50％	10.79	12.24	1.45
	F0-70％	9.52	13.05	3.53
	F0-90％	9.73	17.03	7.30
F2	F2-0	10.93	10.93	0
	F2-30％	10.50	11.08	0.58
	F2-50％	11.80	13.07	1.27
	F2-70％	11.12	14.79	3.67
	F2-90％	11.22	18.60	7.38

5.2 硅酸钠在聚氨酯硬泡表面涂层中的应用及阻燃行为

  锥形量热测试所得主要参数的结果如表 5.3 所示,所有试样对应的热释放速率曲线见图 5.1 与图 5.2。对聚氨酯泡沫材料表面涂层的阻燃性能分析,实验主要集中在点燃时间(TTI)与热释放速率峰值(PHRR)前后的变化情况及产生原因。

表 5.3 锥形量热测试所得主要参数的结果

试样		TTI/s	PHRR/(kW/m²)
	F0-0	1	317
	F0-30%	1	318
F0	F0-50%	3	306
	F0-70%	3	168
	F0-90%	11	115
	F2-0	1	146
	F2-30%	1	186
F2	F2-50%	3	166
	F2-70%	6	140
	F2-90%	65	86

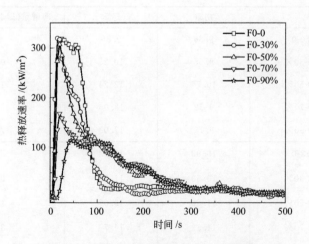

图 5.1 试样 F0 中五组泡沫的 HRR 曲线

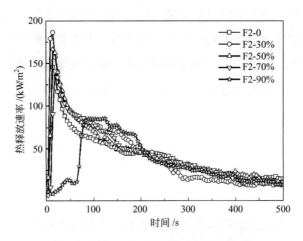

图 5.2　试样 F2 中五组泡沫的 HRR 曲线

5.2.1　点燃时间

由表 5.2 与表 5.3 不难看出，随着泡沫表面硅酸钠固体含量的不断增加，泡沫的点燃时间逐步延长。然而，若泡沫表面所附着的固体含量相对较低，基本上不会延长泡沫的点燃时间。当泡沫在质量分数为 90% 的硅酸钠水溶液中处理后，其表面固含量达到最大值，此时，对应的点燃时间也最长。硅酸钠的熔点为 1410℃，实验中发现，在外部辐射热流量为 50kW/m² 时，表面硅酸钠固体会发生轻微的膨胀现象，可形成有效的隔热层，且这种隔热层会随着泡沫表面固含量的增加而逐渐变厚，从而能够在一定程度上延长基体的点燃时间。

5.2.2　热释放速率

硬质聚氨酯泡沫材料的表面经过硅酸钠处理后，不仅能够延长泡沫的点燃时间，而且能显著降低泡沫的热释放速率峰值，其结果如表 5.3 及图 5.1、图 5.2 所示。

如上所述，由于基体表面固体在外部辐射作用下产生膨胀现象，形成无机盐的保护层，对外界热量与氧气起到很好的阻隔作用，有效延长了达到热释放速率峰值所需的时间。与此同时，随着外部辐射作用的持续，无机盐的阻隔层开始龟裂，出现一些小孔洞与裂缝。辐射热量与氧气通过孔洞与裂缝渗透到下面的基体中，使泡沫开始缓慢地燃烧。由于表面的无机膨胀层仍有一定的阻隔作用，因此，泡沫的燃烧受到一定程度的抑制，在 HRR 曲线上表现为热释放速率的峰值降低。与对点燃时间的影响一样，硬质聚氨酯泡沫材料表面的硅酸钠固体含量越高，试样的热释放速率峰值就越低。这一结论适用于试样 F0 与 F2。

5.3 小结

通过采用无机盐硅酸钠对硬质聚氨酯泡沫材料的表面进行阻燃涂层的初步研究，我们得出：

（1）硅酸钠涂层在外部辐射热流量为 $50\mathrm{kW/m^2}$ 作用下，会出现膨胀现象，从而形成对外界热量与氧气具有一定阻隔作用的无机保护层。

（2）随着泡沫表面硅酸钠固含量的增加，无机保护层的阻隔作用变明显。具体表现为，聚氨酯泡沫材料的点燃时间越来越长，热释放速率峰值出现的时间越来越长，且峰值越来越低。

第6章 非可膨胀石墨无卤阻燃硬质聚氨酯泡沫

在无卤阻燃聚氨酯泡沫中，除了添加石墨作为阻燃剂外，添加磷系阻燃剂也是一种很重要的手段，其中，聚磷酸铵作为添加型阻燃剂的代表，已经以单独添加或与其他阻燃剂复配的形式广泛应用于聚氨酯泡沫中。但是由于聚磷酸铵存在易水解、与聚合物基材相容性差以及不易在高分子材料中分散的问题，极大程度地影响了其在基材中的阻燃效果以及材料的力学性能，因此，需要对聚磷酸铵进行表面处理。现有的表面处理技术都存在一定的不足，如表面包覆和微胶囊化，聚磷酸铵不易被树脂均匀包覆，微胶囊化处理后的平均粒度变大，容易结块，使用时需进行粉碎处理，会造成包覆层的破坏。经过无机化合物表面处理的聚磷酸铵，其结合能力较弱，一定程度上会影响对聚磷酸铵的包覆效果；经过有机化合物表面改性的聚磷酸铵由于有机化合物自身热稳定性较差的问题，包覆后会造成聚磷酸铵的热稳定性下降。

为解决上述问题，需设计制备一系列含磷有机硅化合物处理剂（PCOC），该处理剂是一种有机-无机杂化化合物，弥补了单独使用无机或有机化合物包覆聚磷酸铵的不足。并且通过在含磷有机硅化合物中引入聚醚多元醇链段，能够有效改善其在聚醚多元醇中的分散性和与聚氨酯基材的相容性。同时，该处理剂中含有 P、N 和 Si 三种阻燃元素，有助于改善聚磷酸铵的耐热性并增强聚磷酸铵的阻燃效果。

6.1 聚醚链段分子量不同的含磷有机硅化合物包覆聚磷酸铵及其阻燃硬质聚氨酯泡沫

聚磷酸铵作为一种含磷添加型阻燃剂，因其无卤、低毒低烟等优点而被应用于聚氨酯泡沫中。但是在应用过程中发现，APP 存在分散性较差和与基体相容性较差的问题。目前，现有文献中报道的解决上述问题的方法主要为微胶囊化或使用硅烷偶联剂表面处理 APP。因此，以苯膦酰二氯、低分子量聚醚多元醇和硅烷偶联剂 KH-550 为原料设计了一系列具有阻燃性能的含磷有机硅化合物 PCOC，用于表面包覆 APP（MAPP），以解决 APP 在 RPUF 中分散性差和相容性差的问题。

6.1.1 聚醚链段分子量不同的含磷有机硅化合物包覆聚磷酸铵及其阻燃硬质聚氨酯泡沫的制备

6.1.1.1 聚醚链段分子量不同的含磷有机硅化合物的制备

将 11.21g(0.0575mol) 苯膦酰二氯和 35mL 乙腈置于装有温度计、回流冷凝管、机械搅拌的 250mL 三口烧瓶中。并将 10g(0.025mol) DP400、5.06g 三乙胺和 30mL 乙腈的混合物溶液置于恒压滴液漏斗中，并在冰浴条件下以每秒 1 滴的速度滴加。滴加完毕后逐渐升温至 40℃，在此温度下反应 4h。随后将 11.49g(0.052mol)KH-550、5.06g(0.05mol) 三乙胺和 45mL 乙腈的混合物溶液在冰浴条件下，缓慢加入至反应体系。加入完成后逐渐升温至 40℃，在此温度下反应 6h。通过抽滤方式去除三乙胺盐酸盐，再利用减压蒸馏去除溶剂，得到聚醚链段分子量为 400 的含磷有机硅化合物，即 PCOC-400。

聚醚链段分子量不同的含磷有机硅化合物（PCOC）的合成路线如图 6.1 所示。PCOC-1000、PCOC-2000 和 PCOC-4000 的制备过程与 PCOC-400 的制备过程相同，制备时将 DP400 依次替换为 P-10G、P-20G 和 DP4000。

6.1.1.2 聚醚链段分子量不同的含磷有机硅化合物包覆聚磷酸铵的制备

首先将 12g（约 11mL）PCOC-400 溶于 88mL 的无水乙醇中，在 25℃下将 11mL 水滴加至混合溶液中，滴加完毕后在此温度下反应 15min（PCOC-400、水、无水乙醇的体积比为 1:1:8）。同时将 40gAPP 超声分散在无水乙醇中，40℃下超声分散大约 40min。将水解好的 PCOC-400 在 40℃下滴加至

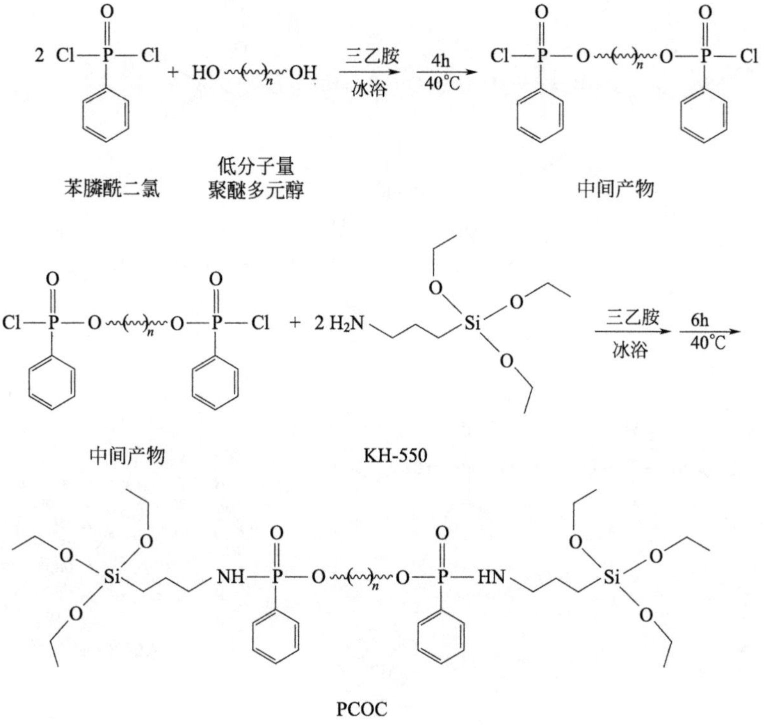

图 6.1 PCOC 的合成路线

APP 的悬浮液中。滴加完毕后逐渐升温至 60℃，反应 3h。反应结束后，将体系进行减压蒸馏，然后将产物置于真空烘箱中 85℃下烘干，得到最终产物聚醚链段分子量为 400 的含磷有机硅化合物包覆聚磷酸铵（MAPP-400）。其他聚醚链段分子量不同的含磷有机硅化合物包覆聚磷酸铵（MAPP）：MAPP-1000（经过 PCOC-1000 表面改性）、MAPP-2000（经过 PCOC-2000 表面改性）和 MAPP-4000（经过 PCOC-4000 表面改性）的合成路线如图 6.2 所示。

6.1.1.3 聚氨酯泡沫的制备

采用自由发泡方式制备纯 RPUF 和阻燃 RPUF。以制备纯 RPUF 为例，首先将聚醚多元醇和发泡剂按照发泡配方比例混合，并在室温下搅拌均匀。然后在常温下将异氰酸酯加入，在 2000～3000r/min 的搅拌速度下搅拌 5s，倒入模具中；随后放在室温下保持 24h 使其熟化。在熟化结束后，将泡沫从模具

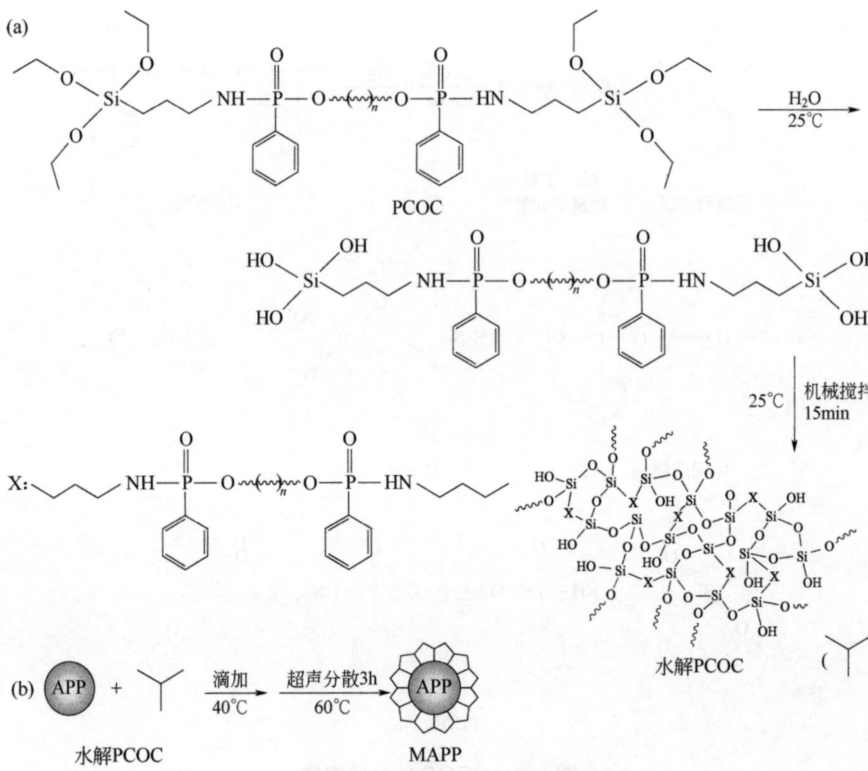

图 6.2　MAPP 的合成路线

中取出，根据所需测试的样品标准尺寸制备样品。制备阻燃 RPFU，首先将 MAPP 按照发泡配方比例（阻燃剂的添加量为聚醚多元醇和异氰酸酯总量的 20％）与聚醚多元醇和发泡剂混合均匀，后续过程与纯 RPUF 的制备过程相同。制备纯 RPUF 和阻燃 RPUF 的发泡配方如表 6.1 所示。

表 6.1　纯 RPUF 和阻燃 RPUF 的发泡配方　　　　　　　　单位：g

样品	聚醚多元醇	异氰酸酯	发泡剂	APP	MAPP
纯 RPUF	100	100	2.5	0	0
RPUF/APP	100	100	2.5	40	0
RPUF/MAPP-400	100	100	2.5	0	40
RPUF/MAPP-1000	100	100	2.5	0	40
RPUF/MAPP-2000	100	100	2.5	0	40
RPUF/MAPP-4000	100	100	2.5	0	40

6.1.2 聚醚链段分子量不同的含磷有机硅化合物包覆聚磷酸铵的结构与性能

6.1.2.1 聚醚链段分子量不同的含磷有机硅化合物及其包覆聚磷酸铵的结构表征

图 6.3 是含磷有机硅化合物（PCOC）的红外光谱图，从图中可以观察到的主要特征峰包括：N—H 伸缩振动峰（3210～3230cm^{-1}），P $=$ O 的振动吸收峰（1240cm^{-1}），苯环的 C—H 振动吸收峰（3058cm^{-1}），苯环骨架的振动吸收峰（1630cm^{-1}、1592cm^{-1} 和 1452cm^{-1}），P—O 和 Si—O—C 的振动吸收峰（1200～1000cm^{-1}）。此外，值得注意的是—CH_2—和—CH_3 的伸缩振动峰（2970cm^{-1}、2930cm^{-1} 和 2872cm^{-1}）的强度逐渐增加，这是由于随着聚醚多元醇分子量的增加，所含脂肪链的长度逐渐变长，从而使 C—H 的吸收峰强度变强。另外，在 601cm^{-1} 和 526cm^{-1} 处 P—Cl 键的吸收峰消失，说明苯膦酰二氯上的 Cl 原子被完全取代，四种 PCOC 被成功合成。

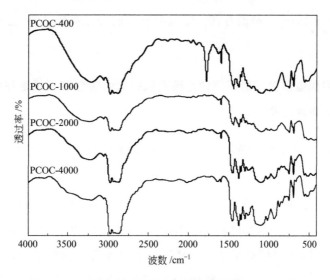

图 6.3　PCOC 的红外光谱图

MAPP 的红外光谱图如图 6.4 所示。与 APP 的吸收峰相比，MAPP 的吸

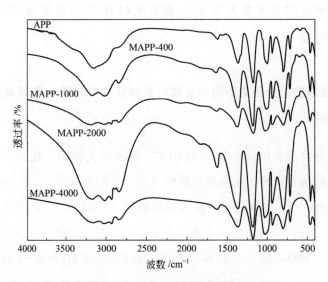

图 6.4 MAPP 的红外光谱图

收峰在 $3000\sim2800\text{cm}^{-1}$ 和 $1200\sim1000\text{cm}^{-1}$ 波数范围内发生了变化。MAPP 在 3054cm^{-1} 和 $2980\sim2890\text{cm}^{-1}$ 处观察到了苯环骨架以及—CH_2—和—CH_3 的伸缩振动峰。另外，在 $1120\sim1000\text{cm}^{-1}$ 波数范围内的吸收峰变宽，这是由于 Si—O—C 振动吸收峰的存在。通过吸收峰的变化推断 APP 已被 PCOC 表面包覆。

6.1.2.2 聚醚链段分子量不同的含磷有机硅化合物包覆聚磷酸铵的分散性测试结果分析

将 APP 和 MAPP 各取 6.4g 溶于 16g 聚醚多元醇中，然后机械搅拌 1min 后静置 [图 6.5(a)]，4h 后拍照对比，如图 6.5(b) 所示。从图中可以看到静置 4h 后 MAPP-1000 和 MAPP-2000 已有较为明显的分层，说明 MAPP-1000 和 MAPP-2000 已经开始沉淀，而 MAPP-400 和 MAPP-4000 并未发生明显的沉淀现象。分散性测试结果表明，PCOC 中聚醚链段的分子量会影响 PCOC 在聚醚多元醇中的分散效果，当 PCOC 分子量较小时所得到的 MAPP 的分散性最好。

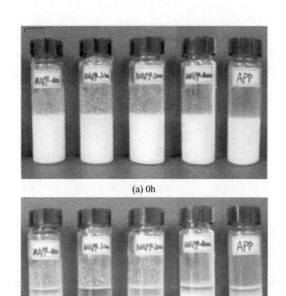

(a) 0h

(b) 4h

图 6.5　MAPP 的分散性测试照片

6.1.2.3　聚醚链段分子量不同的含磷有机硅化合物包覆聚磷酸铵的热失重测试结果分析

如图 6.6 所示，APP 在氮气氛围下的分解包括两个阶段：第一个阶段为 280～520℃，分解的产物主要包括氨气、水、偏磷酸铵和磷酸等。第二个阶段为 520℃之后，此阶段为磷酸继续脱水产生聚偏磷酸和聚磷酸。

如表 6.2 所示，与 APP 相比，MAPP 的初始分解温度（$T_{d,5\%}$）随着 PCOC 中聚醚链段分子量的增加而升高，但是都低于 APP 的 $T_{d,5\%}$，这是由于 PCOC 在较低温度下发生了分解。随着温度的升高，可以看到当温度达到 600℃以上时，MAPP-400 的热稳定性最好，并且最终残炭率最高为 21.87%。TGA 测试结果表明在 MAPP 分解初期，随着 PCOC 中聚醚链段分子量的增加，MAPP 的初始分解升高，但是在高温下经过含低分子量聚醚链段的 PCOC 表面包覆的 APP 的热稳定性更好且具有良好的成炭能力。

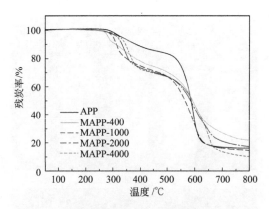

图 6.6 MAPP 的 TGA 曲线

表 6.2 MAPP 在氮气氛围下的热失重测试数据

样品	$T_{d,5\%}/℃$	$T_{max}/℃$		800℃时残炭率/%
		$T_{max1}/℃$	$T_{max2}/℃$	
APP	333.9	321.2	595.0	16.47
MAPP-400	283.9	283.4	600.6	21.87
MAPP-1000	301.9	321.8	608.3	14.68
MAPP-2000	318.2	342.8	590.7	17.36
MAPP-4000	327.1	358.5	651.5	10.32

6.1.3 阻燃硬质聚氨酯泡沫材料的阻燃性能

极限氧指数（LOI）测试和水平燃烧测试是用于评价材料的阻燃性能的常用测试方法。从表 6.3 中可以看到，当 APP 加入到 RPUF 中后，体系的极限氧指数值（LOI）值由原来的 20.4% 提高至 24.4%。当 MAPP 加入到 RPUF 中后，RPUF/MAPP 体系的 LOI 值与 RPUF/APP 的 LOI 值相比略有下降，其中，RPUF/MAPP-400 的 LOI 值最高，为 23.6%。由 LOI 测试结果可以看到，随着 PCOC 中聚醚链段分子量的增加，RPUF/MAPP 体系的 LOI 值下降，这可能是由于聚醚链段分子量的增加使得体系中的可燃性成分增加，从而基体易于燃烧最终导致 LOI 值下降。水平燃烧测试结果显示 RPUF/APP 体系和 RPUF/MAPP 体系都能够达到 HF-1 级别。

表 6.3　阻燃 RPUF 的 LOI 和水平燃烧测试结果

样品	LOI/%	水平燃烧
纯 RPUF	20.4	HBF
RPUF/APP	24.4	HF-1
RPUF/MAPP-400	23.6	HF-1
RPUF/MAPP-1000	23.4	HF-1
RPUF/MAPP-2000	23.3	HF-1
RPUF/MAPP-4000	22.4	HF-1

LOI 和水平燃烧测试结果表明随着聚醚链段分子量的增加，材料的 LOI 逐渐下降；聚醚链段分子量的变化对 RPUF 水平燃烧测试结果没有影响。此外，经过 PCOC 表面包覆后的 APP 对于提高 RPUF 体系的 LOI 作用效果并不是非常明显。

为了进一步探究 RPUF/MAPP 体系的阻燃性能，对 RPUF/MAPP 进行了锥形量热测试，其结果如表 6.4 所示。图 6.7 为阻燃 RPUF 的热释放速率（HRR）曲线图。从图中可以看到，与 RPUF/APP 相比，当 MAPP 加入到 RPUF 中后体系的热释放速率峰值（PHRR）有所下降，并且 RPUF/MAPP 体系的 PHRR 值随着 PCOC 中聚醚链段分子量的降低而降低，说明体系的阻燃性能逐渐提高。与其他阻燃 RPUF 样品相比，RPUF/MAPP-4000 的 PHRR 值最高为 $375kW/m^2$，这可能是由于在燃烧过程中，PCOC 中聚醚链段分子量的增加使得释放的可燃性小分子变多，加剧了基体的燃烧，从而释放更多的热。

表 6.4　阻燃 RPUF 的锥形量热测试结果

样品	PHRR /(kW/m²)	Av-EHC /(MJ/kg)	THR /(MJ/m²)	TSR /(m²/m²)	残炭率 /%
RPUF/APP	418	21.8	18.7	957	24.6
RPUF/MAPP-400	149	17.9	12.4	441	37.0
RPUF/MAPP-1000	152	18.2	13.1	421	35.6
RPUF/MAPP-2000	300	18.0	16.5	764	27.2
RPUF/MAPP-4000	375	19.7	15.1	590.8	28.2

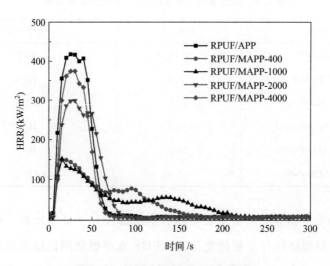

图 6.7　阻燃 RPUF 的 HRR 曲线

有效燃烧热（EHC）反映了挥发性气体在气相火焰中的燃烧强度。可以看到 RPUF/MAPP 体系的 Av-EHC 值都低于 RPUF/APP 的 Av-EHC 值。当 MAPP-400 加入到 RPUF 中时，体系的 Av-EHC 值最低为 17.9MJ/kg。EHC 值的下降说明经过 PCOC 表面包覆的 APP 能够在气相中发挥一定的火焰抑制作用，并且 MAPP-400 的效果最好。

另外，从表中可以看到，当 MAPP 加入到 RPUF 中后，RPUF/MAPP 体系的总热释放量（THR）和总烟释放量（TSR）明显下降，说明与 APP 相比，MAPP 在 RPUF 燃烧过程中能够更为有效地抑制热量和烟气的释放，发挥良好的阻燃作用。

锥形量热测试结果显示，RPUF/MAPP-400 的 PHRR、EHC、THR 的值都最低，残炭率的值最高，说明 MAPP-400 具有最好的阻燃效果，这可能是由于 MAPP-400 在燃烧过程中同时发挥气相和凝聚相的双相阻燃作用，以及具有更好的成炭能力。

6.1.4　阻燃硬质聚氨酯泡沫材料的物理、力学性能测试结果分析

为了保障聚氨酯泡沫具有一定的应用价值，在满足阻燃性能的同时，需要

考虑其物理、力学性能。物理、力学性能测试主要包括 RPUF 的密度和压缩强度，其测试结果如表 6.5 所示。

表 6.5 阻燃 RPUF 的物理、力学性能测试结果

样品	密度/(kg/m³)	压缩强度/MPa
RPUF/APP	34.9	0.099
RPUF/MAPP-400	33.2	0.097
RPUF/MAPP-1000	35.2	0.096
RPUF/MAPP-2000	33.9	0.105
RPUF/MAPP-4000	31.5	0.095

一般硬质聚氨酯泡沫的密度大约为 $40\sim50kg/m^3$，而本章涉及的聚氨酯泡沫属于低密度硬质聚氨酯泡沫，因此 RPUF/MAPP 体系的密度相对较小，测试结果为 $31\sim35kg/m^3$，这类泡沫主要应用于喷涂聚氨酯泡沫。由表 6.5 中压缩强度的数据可以看出，加入 MAPP 的聚氨酯泡沫的压缩强度与加入 APP 的差异不大，这说明 MAPP 的加入不影响 RPUF 的力学性能，而且使 RPUF 在应用中满足阻燃性能要求的同时，也能够满足物理、力学性能的求。

6.1.5 小结

以苯膦酰二氯、低分子量聚醚多元醇和硅烷偶联剂 KH-550 为原料制备出一系列聚醚链段分子量不同的含磷有机硅化合物 PCOC 并将其用于 APP 的表面包覆。结果表明，PCOC 中聚醚链段的分子量会影响 MAPP 在聚醚多元醇中的分散性、热稳定性以及 RPUF/MAPP 的阻燃性能。当 PCOC 中聚醚链段分子量为 400 时，经过 PCOC 表面包覆的 APP 在聚醚多元醇中的分散效果最好。此外，随着 PCOC 中聚醚链段分子量的增加，MAPP 的初始分解温度提高，但是随着温度的升高，MAPP 的热稳定性有所下降。将 MAPP 应用于 RPUF 中后，发现随着 PCOC 中聚醚链段分子量的增加，RPUF/MAPP 体系的 LOI 值下降，体系的热释放速率峰值和总热释放量也有所升高，并且最终残炭率降低。而 PCOC 中聚醚链段分子量的变化不影响 RPUF/MAPP 体系的压缩强度。

测试结果表明与其他 MAPP 相比，经过 PCOC-400 表面包覆的 MAPP-400在分散性、热稳定性以及阻燃性能测试方面均表现最好。因此，后续将以含磷有机硅化合物 PCOC-400 为基础，进一步论述含磷有机硅化合物中磷的价态、聚醚链段的结构的变化对 RPUF/MAPP 材料阻燃性能的影响规律，并探究含磷有机硅化合物包覆 APP 在 RPUF 中的阻燃机理。

6.2 含磷基团不同的有机硅化合物包覆聚磷酸铵及其阻燃硬质聚氨酯泡沫

在 6.1 节中，成功合成了一系列聚醚链段分子量不同的含磷有机硅化合物，并制备了表面包覆 APP（MAPP），论述了聚醚链段分子量的变化对 MAPP 的分散性、热稳定性以及 RPUF/MAPP 的阻燃性能的影响，发现 MAPP 能够有效降低 RPUF 的平均有效燃烧热，这说明 MAPP 能发挥气相阻燃作用。据现有相关文献报道，随着磷的氧化价态的升高，含磷阻燃剂在凝聚相中的成炭性会逐渐提高，但在气相中含磷挥发物的释放会减少。而 APP 中的磷为最高价态＋5 价，所以 APP 只在凝聚相中发挥阻燃作用，由此推断 PCOC 能够发挥气相阻燃作用。为了进一步探究 MAPP 在 RPUF 中的阻燃机理以及 PCOC 中含磷基团结构的变化对 MAPP 阻燃 RPUF 的影响，本节将以苯膦酰二氯、二氯化磷酸苯酯、低分子量聚醚多元醇和硅烷偶联剂 KH-550 为原料设计两种具有不同含磷基团的含磷有机硅化合物 PCOC 用于表面包覆APP（MAPP），随后将 MAPP 应用于 RPUF。

6.2.1 含磷基团不同的有机硅化合物表面包覆的聚磷酸铵及其阻燃硬质聚氨酯泡沫的制备

6.2.1.1 含磷基团不同的有机硅化合物的制备

将 24.26g(0.115mol) 二氯化磷酸苯酯和 60mL 1,4-二氧六环置于装有温度计、回流冷凝管、机械搅拌的 500mL 三口烧瓶中，并将 20g(0.05mol)

DP400、10.12g 三乙胺和 45mL 1,4-二氧六环的混合物溶液置于恒压滴液漏斗中，在室温下缓慢滴加 2h。滴加完毕后逐渐升温至 60℃，在此温度下反应 4h。随后将 26.52g(0.12mol) KH-550 和 70mL 1,4-二氧六环的混合物溶液在室温下缓慢加入至反应体系中。加入完毕后逐渐升温至 40℃，在此温度下反应 6h。通过抽滤的方式去除三乙胺盐酸盐，再利用减压蒸馏去除溶剂，得到含苯氧基的有机硅化合物，即 PCOC1。含苯基的有机硅化合物标记为 PCOC2，即为 PCOC-400，其制备过程见 6.1.1.1 节。两种 PCOC 的合成路线如图 6.8 所示。

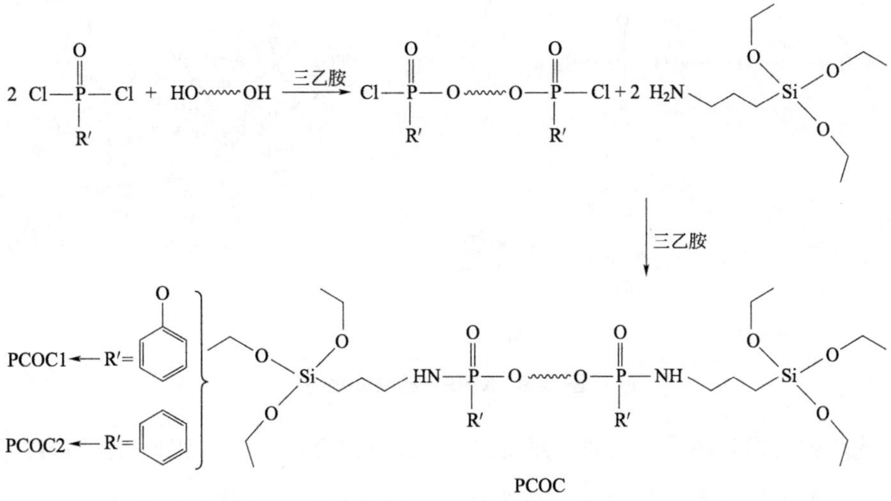

图 6.8 PCOC 的合成路线

6.2.1.2 含磷基团不同的有机硅化合物表面包覆聚磷酸铵的制备

含苯氧基的有机硅化合物表面包覆聚磷酸铵 MAPP1（经过 PCOC1 表面改性）和含苯氧基的有机硅化合物表面包覆聚磷酸铵 MAPP2（经过 PCOC2 表面改性）的制备方法与 6.1.1.2 中 MAPP 的制备方法相同。两种 MAPP 的合成路线如图 6.9 所示。

6.2.1.3 聚氨酯泡沫的制备

采用自由发泡方式制备纯 RPUF 和阻燃 RPUF。以制备纯 RPUF 为例，

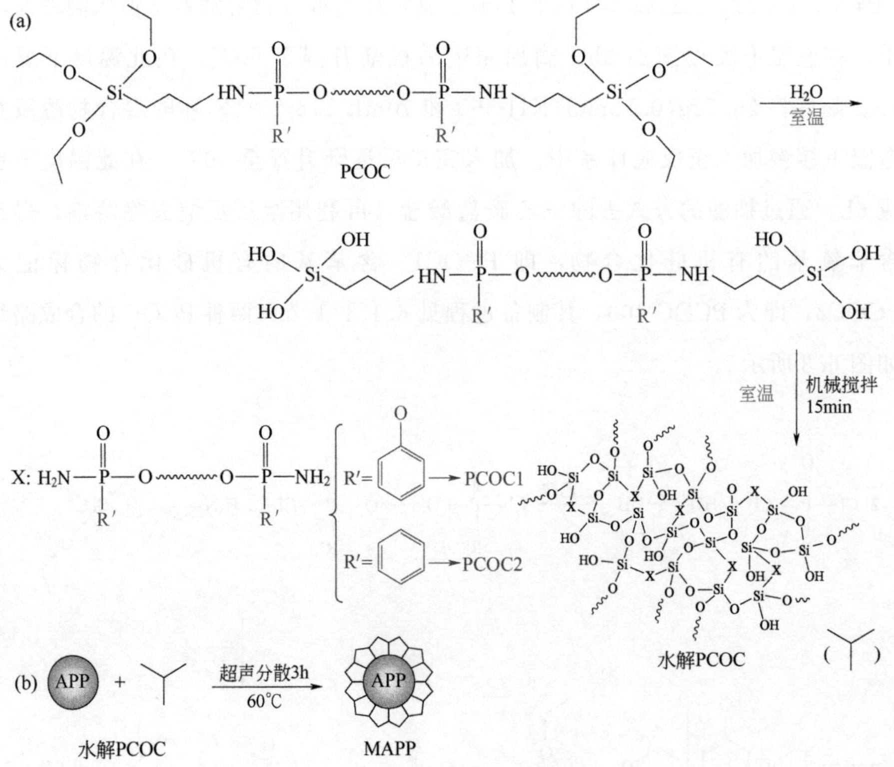

图 6.9 MAPP 的合成路线

首先将聚醚多元醇和发泡剂按照发泡配方比例混合，并在室温下搅拌均匀；然后在常温下将异氰酸酯加入，在 $2000\sim3000\mathrm{r/min}$ 的搅拌速度下搅拌 5s，倒入模具中；随后放在室温下保持 24h，使其熟化。在熟化结束后，将泡沫从模具中取出，根据所需测试的样品标准尺寸制备样品。制备阻燃 RPUF，首先将 MAPP 按照发泡配方比例与聚醚多元醇和发泡剂混合均匀，后续过程与纯 RPUF 的制备过程相同。制备纯 RPUF 和阻燃 RPUF 的发泡配方如表 6.6 所示。

表 6.6 阻燃 RPUF 的发泡配方   单位：g

样品	聚醚多元醇	异氰酸酯	发泡剂	APP	MAPP1	MAPP2
RPUF/APP	100	100	2.5	40	0	0
RPUF/MAPP1	100	100	2.5	0	40	0
RPUF/MAPP2	100	100	2.5	0	0	40

6.2.2 含磷基团不同的有机硅化合物表面包覆聚磷酸铵的结构与性能

6.2.2.1 含磷基团不同的有机硅化合物的结构表征

含不同磷基团的 PCOC 的核磁氢谱图如图 6.10 所示。PCOC1 核磁氢谱的表征结果：0.56ppm（c,4H,—NHCH$_2$CH$_2$CH$_2$—Si），1.20ppm（a,18H,—OCH$_2$CH$_3$—），1.57ppm（d,4H,—NHCH$_2$CH$_2$CH$_2$—），2.95ppm（f,2H,—NH—），3.32ppm（e,4H,—NHCH$_2$CH$_2$CH$_2$—），3.66ppm（b,12H,—OCH$_2$CH$_3$—），7.09～7.27ppm（g,h,i,4H,2H,2H,苯环中的 H）。PCOC2 核磁氢谱的表征结果：0.56ppm（c,4H,—NHCH$_2$CH$_2$CH$_2$—Si），1.24ppm（a,18H,—OCH$_2$CH$_3$—），1.41ppm（d,4H,—NHCH$_2$CH$_2$CH$_2$—），2.00ppm（f,2H,—NH—），2.88ppm（e,4H,—NHCH$_2$CH$_2$CH$_2$—），3.72ppm（b,12H,—OCH$_2$CH$_3$—），7.28～7.41ppm（g,h,4H,2H,苯环中的 H）。

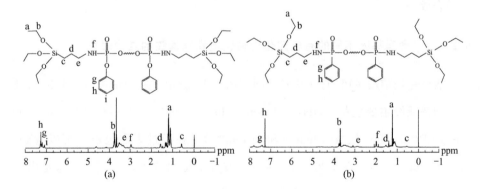

图 6.10 含不同磷基团的 PCOC 的核磁氢谱图

为了进一步证明 PCOC 的结构，对其进行了红外光谱分析。从图 6.11 中可以看到，PCOC1 和 PCOC2 的红外光谱图较为相似，并确认了 PCOC 主要的吸收峰，其中 3500～3200cm^{-1} 为 N—H 的伸缩振动峰，2974cm^{-1}、2935cm^{-1} 和 2875cm^{-1} 为 C—H 的伸缩振动峰，3068～3058cm^{-1}、1592cm^{-1}、1492cm^{-1} 和 1440cm^{-1} 分别为苯环的 C—H 振动和骨架振动吸收峰，1242cm^{-1} 为 P＝O 的振动吸收峰，1200～1000cm^{-1} 为 P—O 和 Si—O—C 的振动吸收峰。另外 PCOC1 和 PCOC2 在 601cm^{-1} 和 526cm^{-1} 处 P—Cl 键的吸收峰消失，说明

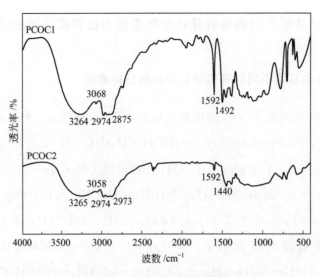

图 6.11 PCOC 的红外谱图

二氯化磷酸苯酯和苯膦酰二氯上的 Cl 原子被完全取代，PCOC1 和 PCOC2 被成功合成。

6.2.2.2 含磷基团不同的有机硅化合物包覆聚磷酸铵的结构表征

表面包覆前后 APP 的红外光谱图如图 6.12 所示。从图中可以看到纯 APP 的典型特征峰主要包括：NH_4^+（$3185cm^{-1}$ 和 $1433cm^{-1}$）、$P=O$（$1250cm^{-1}$）和 P—O—P（$1079cm^{-1}$、$1019cm^{-1}$ 和 $884cm^{-1}$）。在经过表面包覆后可以看到，MAPP1 和 MAPP2 在 $1120\sim1000cm^{-1}$ 波数范围内的吸收峰变宽，这是由于 Si—O—C 的振动吸收峰可能包含其中。另外，在 $2700\sim3100cm^{-1}$ 的波数范围内 MAPP 的红外光谱与 APP 的相比有所不同。MAPP1 和 MAPP2 分别在 $3063\sim3060cm^{-1}$、$2924cm^{-1}$、$2887cm^{-1}$ 和 $2854cm^{-1}$ 处出现了吸收峰，这是由于 MAPP 中存在苯环以及—CH_2 和—CH_3 基团。

为了进一步验证 APP 已成功被 PCOC 表面包覆，对 MAPP1 和 MAPP2 进行了 XPS 元素分析，测试结果如表 6.7 所示。从表中可以看到纯 APP 的磷元素含量为 25.38%，而 MAPP1 和 MAPP2 的磷元素含量分别下降至 10.28% 和 9.42%，这表明 APP 已成功被 PCOC 表面包覆。另外，与 APP 相

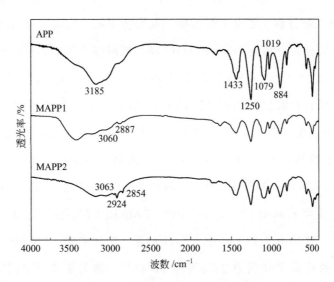

图 6.12　APP 和 MAPP 的红外谱图

表 6.7　APP 和 MAPP 的 XPS 测试数据

样品	C/%	N/%	O/%	P/%	Si/%
APP	14.53	16.40	43.69	25.38	—
MAPP1	41.59	7.59	37.22	10.28	3.31
MAPP2	52.68	4.56	30.00	9.42	3.34

比，在 MAPP1 和 MAPP2 中都检测到了硅元素。还有一点值得注意的，MAPP1 和 MAPP2 的碳元素含量都明显高于 APP 的碳含量，这主要是由于 PCOC 中含有大量—CH$_2$ 和—CH$_3$ 基团。上述结果表明 APP 已成功被 PCOC 表面包覆。

6.2.2.3　含磷基团不同的有机硅化合物包覆聚磷酸铵的热失重测试结果分析

APP 和 MAPP 的 TGA 和 DTG 曲线如图 6.13 所示，其初始分解温度（$T_{d,5\%}$）、最大分解速率温度（T_{max}）和残炭率见表 6.8。由图 6.13(a) 可以看到，经过 PCOC 表面包覆的 MAPP 在氮气氛围下显示出了三阶分解，而纯 APP 则显示为两阶分解。两种 MAPP 的第一阶段分解都主要发生在 300℃前，这一阶段主要是 PCOC 的分解所致。从表 6.8 中得知 MAPP2 的 $T_{d,5\%}$ 和

T_{max1} 都高于 MAPP1 的，这说明 MAPP2 在分解前期具有更好的热稳定性。MAPP 的第二阶分解主要发生在 300～460℃ 范围内，此阶段与 APP 的分解较为相似，主要分解产物是 NH_3 和 H_2O 以及聚磷酸的生成。从图 6.13(b) 中可以看到在 300～430℃ 范围内 MAPP1 的 DTG 曲线与 APP 的 DTG 曲线基本相同，这说明在此温度范围内 MAPP1 与 APP 的分解路线相似。相比之下，MAPP2 在此温度范围内的失重速率明显大于 APP，这说明相比于 PCOC1，PCOC2 能更快地诱导 APP 分解。MAPP 的第三阶分解发生在 460℃ 以后。MAPP1 的 T_{max3} 大于 MAPP2 的，且都高于 APP 的 T_{max3}，由此可知 MAPP1 的高温稳定性大于 MAPP2，且 MAPP1 和 MAPP2 在高温下比 APP 具有更好的热稳定性，这是由于 PCOC 中含有硅元素。除此之外，MAPP1 和 MAPP2 在 800℃ 下的残炭率分别为 22.3% 和 21.87%，都明显高于 APP 的残炭率，这表明经过 PCOC 表面包覆后 MAPP 的成炭能力明显提高。

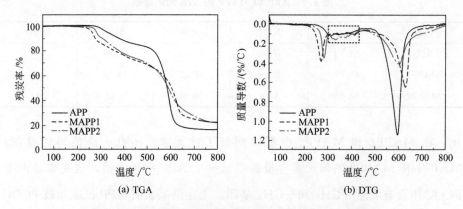

图 6.13 APP 和 MAPP 的 TGA (a) 和 DTG (b) 曲线

表 6.8 APP 和 MAPP 在氮气氛围下的热失重测试数据

样品	$T_{d,5\%}$/℃	T_{max}/℃			800℃时残炭率/%
		T_{max1}/℃	T_{max2}/℃	T_{max3}/℃	
APP	333.9	—	321.2	595.0	16.47
MAPP1	264.4	271.3	331.4	627.5	22.33
MAPP2	283.9	283.4	411.8	600.6	21.87

6.2.2.4　含磷基团不同的有机硅化合物包覆聚磷酸铵的裂解产物分析

为了进一步探究 MAPP 在 RPUF 中的阻燃机理，对 APP、MAPP1 和 MAPP2 在热解过程中的气相裂解产物以及凝聚相的残炭进行了红外光谱表征，相关红外谱图如图 6.14 和图 6.17 所示。

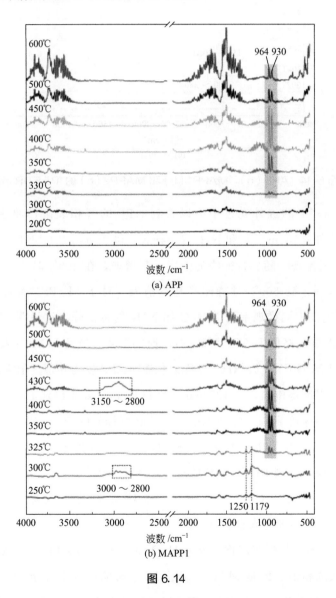

(a) APP

(b) MAPP1

图 6.14

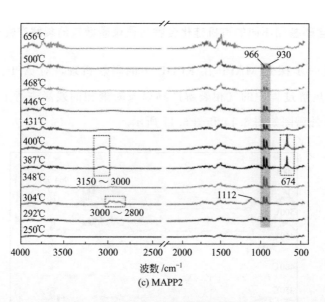

图6.14 APP（a）、MAPP1（b）和 MAPP2（c）的 TG-FTIR 谱图

从图 6.14（a）中的红外光谱中可以看到 APP 的气相裂解产物主要为 H_2O（$3734cm^{-1}$ 和 $1518cm^{-1}$）和 NH_3（$964cm^{-1}$ 和 $930cm^{-1}$）。NH_3 的特征峰大约在 350℃时出现，随后特征峰的强度不断增强，在 400℃时达到最大，然后强度逐渐减弱，到 600℃时特征峰基本消失。对于 MAPP1 而言，在 325～600℃温度范围内同样观察到了 H_2O 和 NH_3 的特征峰，这说明 MAPP1 释放 NH_3 时的温度要略低于 APP 释放 NH_3 时的温度。虽然 MAPP1 释放 NH_3 时间较早，但 MAPP1 释放 NH_3 的温度范围与 APP 较为相似。值得注意的是在 250～325℃温度范围内，在 $1250cm^{-1}$ 和 $1179cm^{-1}$ 处观察到了 P—O 键的吸收峰，由此推测这可能是来自 PCOC 受热分解所释放的 PO· 和 PO_2· 自由基。PO· 和 PO_2· 自由基由于可以在气相中发挥自由基猝灭效应，从而能够终止燃烧链式反应，抑制 RPUF 材料的进一步燃烧。另外，在 300℃和 430℃分别观察到了 C—H（$3000～2800cm^{-1}$）、苯环骨架的吸收振动峰（$3150～2800cm^{-1}$），这主要是来自 PCOC1。

MAPP2 的气相裂解产物主要为 H_2O 和 NH_3，与 APP 和 MAPP1 的气相裂解产物较为相似。但是 MAPP2 释放 NH_3 时的温度下降至 292℃，并且释放 NH_3 的温度范围变窄，由此推断 MAPP2 与 MAPP1 相比，MAPP2 受热分

解后会提前释放 NH_3，并且释放 NH_3 的速度变快。NH_3 的提前释放有助于基体快速形成交联网状结构。而与 MAPP1 相同的是，在 304℃ 时也观察到了来自 PCOC2 中 P—O（$1112cm^{-1}$）和 C—H（$3000\sim2800cm^{-1}$）的吸收峰。此外，在 $386\sim400$℃ 温度范围内还观察到了 PCOC2 中苯环的特征峰（$3150\sim3000cm^{-1}$ 和 $674cm^{-1}$）。

进一步对 MAPP 进行 TGA-GC-MS 分析，测试其在气相中的裂解产物，其结果如图 6.15 所示。通过对 MAPP 进行 PO·（$m/z=47$）和 PO_2·（$m/z=63$）碎片追踪，发现 MAPP1 和 MAPP2 受热后会分解释放出 PO·和 PO_2·自由基。从图 6.15(a) 中可以看到，与 MAPP2 相比，MAPP1 在更早的时间便开始释放出 PO·，并且 MAPP1 在整个热分解过程中释放 PO·自由基的强度要强于 MAPP2。而从图 6.15(b) 中可以看到，MAPP2 在较早的时间内会释放出 PO_2·自由基，但是释放时间仍晚于 MAPP1，并且其释放强度弱于 MAPP1。

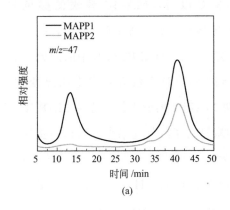 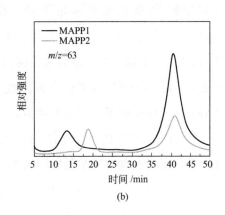

(a)   (b)

图 6.15   MAPP 的 TGA-GC-MS 曲线

TGA-GC-MS 分析测试结果表明，MAPP1 和 MAPP2 的气相裂解产物中包含 PO·和 PO_2·自由基，并且 MAPP1 较 MAPP2 会释放出更多的 PO·和 PO_2·自由基。

图 6.16 展示的是 APP、MAPP1 和 MAPP2 在不同温度下的残炭照片。从图中 APP 和 MAPP 颜色的变化可以看到 MAPP1 和 MAPP2 的分解较早。当温度达到 250℃ 时，MAPP1 和 MAPP2 的颜色由黄色变为黑色，这说明

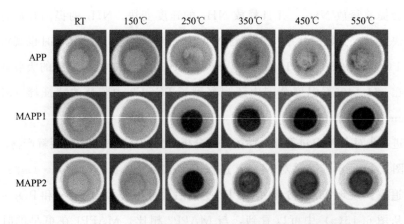

図 6.16 APP、MAPP1 和 MAPP2 在不同温度下的残炭照片

MAPP 已经成炭。相比之下，250～550℃温度范围内 APP 的颜色没有发生明显变化，这说明在整个分解过程中 APP 没有成炭。这一结果说明与 APP 相比 MAPP1 和 MAPP2 具有更好的成炭能力。值得注意的是，从 350℃起 MAPP1 和 MAPP2 的颜色也有一定不同。在 350℃以后，MAPP2 残炭的颜色与 MAPP1 的残炭颜色相比更亮，这可能是由于当温度达到 350℃以后，一方面 MAPP2 逐渐形成更多致密的陶瓷碳层，另一方面 MAPP2 残炭中的碳的规整度更高。而 MAPP1 的颜色直到温度达到 550℃时也没有再发生明显变化。MAPP 在不同温度下的残炭照片结果说明 MAPP2 的成炭能力优于 MAPP1。

对 APP 和 MAPP 在不同温度下的残炭进行了红外光谱表征以进一步探究 MAPP 的阻燃机理，其结果如图 6.17 所示。

从图 6.17 中可以看到 APP 的特征峰主要是 N—H（3184cm^{-1}）、P=O（1252cm^{-1}）和 P—O—P（1072cm^{-1}、1018cm^{-1}、883cm^{-1} 和 800cm^{-1}）。温度升高至 250℃时，—NH$_4$（1435cm^{-1}）的特征峰逐渐消失，这与 APP 受热分解释放 NH$_3$ 有关。当温度达到 350℃以上时，P=O（1252cm^{-1}）的特征峰向高波数移动。此外，当温度达到大约 450～550℃时，在 1252cm^{-1}、1023cm^{-1} 和 911cm^{-1} 处观察到了 P=O 和 P—O—P 键的特征峰，这表明 APP 的最终分解产物主要为 PO$_2$ 和 PO$_3$ 等含磷氧化物。

图 6.17（b）和（c）显示的是 MAPP1 和 MAPP2 在不同温度下的残炭红外光谱图。从图中可以看到，与 APP 不同的是，当温度达到 350℃以上时，

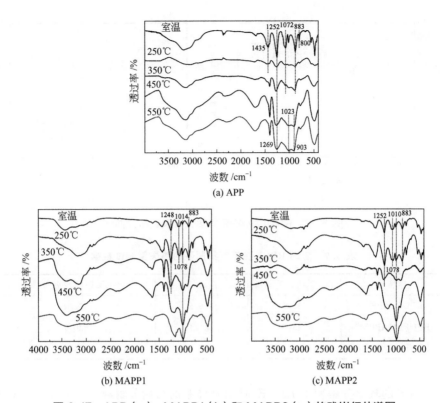

图 6.17　APP（a）、MAPP1（b）和 MAPP2（c）的残炭红外谱图

MAPP1 和 MAPP2 中 P—O 键（1078cm^{-1} 和 883cm^{-1}）的特征峰消失。同时，在 1100~920cm^{-1} 波数范围内的特征峰变宽且峰的强度变强，这说明形成了新化学键 P—N—C 键。P—N—C 键的存在有助于提高炭层的质量和强度。值得注意的是，在 MAPP1 和 MAPP2 的整个分解过程中，全程都观察到了 Si—O—Si 键（1100~1000cm^{-1}）的存在，这也是 MAPP 的炭层在高温下具有更好的热稳定性的原因之一。

6.2.3　含磷基团不同的有机硅化合物包覆的聚磷酸铵对硬质聚氨酯泡沫材料性能的影响

6.2.3.1　阻燃 RPUF 材料的热失重测试结果分析

阻燃 RPUF 的 TGA 和 DTG 曲线如图 6.18 所示。由表 6.9 可以看到，由

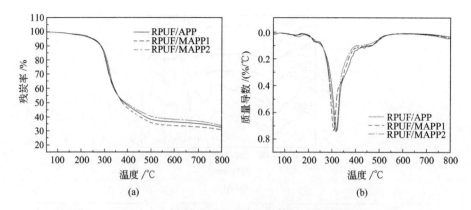

图 6.18　RPUF/MAPP 的热失重及其微分曲线

表 6.9　阻燃 RPUF 在氮气氛围下的热失重测试数据

样品	$T_{d,5\%}$/℃	T_{max}/℃	800℃时的残炭率/%
RPUF/APP	249.6	308.5	32.4
RPUF/MAPP1	248.3	321.1	30.7
RPUF/MAPP2	244.2	317.5	33.8

于 MAPP 的较早分解使得 RPUF/MAPP 体系的初始分解温度（$T_{d,5\%}$）低于 RPUF/APP 体系。但是随着温度的升高，可以看到 RPUF/MAPP 体系的最大分解温度（T_{max}）均高于 RPUF/APP，这说明将 MAPP 加入 RPUF 中后能够使 RPUF 的耐热性提高，并且 RPUF/MAPP1 的初始分解温度和最大分解温度都高于 RPUF/MAPP2。此外，RPUF/MAPP2 在 800℃残炭率为 33.8%，比 RPUF/APP 和 RPUF/MAPP1 的残炭率都高，这表明 MAPP2 能够在燃烧时更好地促进基体成炭，发挥良好的阻燃作用。

6.2.3.2　阻燃 RPUF 材料的阻燃性能测试结果分析

阻燃 RPUF 的 LOI 和水平燃烧测试结果如表 6.10 所示。从表中可以看到，当 MAPP 加入到 RPUF 中后，RPUF/MAPP 体系的 LOI 值与 RPUF/APP 的 LOI 值相比略有下降。此外，RPUF/MAPP1 的 LOI 值为 24.3%，高于 RPUF/MAPP2 的 LOI 值（23.6%），这可能是由于 MAPP1 在燃烧过程在较低温度下就能受热分解释放 PO·和 PO₂·自由基。并且这一结果已在

表 6.10　阻燃 RPUF 的 LOI 和水平燃烧测试结果

样品	LOI/%	水平燃烧
RPUF/APP	24.4	HF-1
RPUF/MAPP1	24.3	HF-1
RPUF/MAPP2	23.6	HF-1

MAPP1 的气相裂解产物的表征结果中所证实。水平燃烧测试结果显示 RPUF/APP、RPUF/MAPP1 和 RPUF/MAPP2 都能够达到 HF-1 级别，测试结果表明 RPUF/MAPP1 和 RPUF/MAPP2 的水平燃烧测试结果没有明显差异。

　　阻燃 RPUF 的热释放速率（HRR）曲线和相应的实验数据分别列于图 6.19和表 6.11 中。

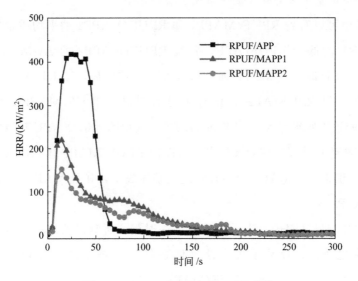

图 6.19　RPUF/MAPP 的 HRR 曲线

表 6.11　阻燃 RPUF 的锥形量热测试数据

样品	PHRR /(kW/m²)	Av-EHC /(MJ/kg)	THR /(MJ/m²)	TSR /(m²/m²)	Av-MLR /(g/s)	残炭率 /%
RPUF/APP	418	21.8	18.7	957	0.015	23.1
RPUF/MAPP1	220	19.1	13.0	545	0.012	35.4
RPUF/MAPP2	152	17.2	9.7	386	0.010	44.9

从图 6.19 中可以看到，RPUF/APP 在被点燃后便迅速燃烧，并且在短时间内释放了大量的热，其热释放速率峰值（PHRR）为 $418kW/m^2$。当 MAPP 加入到 RPUF 材料中后，体系的 HRR 值明显下降。RPUF/MAPP1 和 RPUF/MAPP2 的 PHRR 值为 $220kW/m^2$ 和 $152kW/m^2$，与 RPUF/APP 相比分别下降了 47.4% 和 63.6%。这说明 MAPP1 和 MAPP2 的加入都能够有效降低 RPUF 的燃烧强度。并且与 MAPP1 相比，MAPP2 在降低 RPUF 的燃烧强度方面发挥了更好的作用。

从表 6.11 中可以看到 RPUF/MAPP 体系的总热释放量（THR）和总烟释放量（TSR）均明显低于 RPUF/APP。另外，与 RPUF/MAPP1 相比，RPUF/MAPP2 的 THR 和 TSR 值更低，这说明在 RPUF 基体燃烧时 MAPP2 能够更有效地抑制基体热量和烟气的释放。RPUF/MAPP 体系 TSR 值下降的原因之一可能是更多的碎片被保留在了凝聚相中。

从表中可以看到 RPUF/MAPP1 和 RPUF/MAPP2 的平均质量损失速率（Av-MLR）均低于 RPUF/APP，并且 RPUF/MAPP2 的 Av-MLR 值最低，为 0.01g/s。同时，把 MAPP 加入到 RPUF 基体中后，RPUF/MAPP 体系的最终残炭率与 RPUF/APP 相比有了显著提高，RPUF/MAPP1 和 RPUF/MAPP2 的最终残炭率为 35.4% 和 44.9%。这说明大部分 RPUF/MAPP 体系的分解产物碎片被锁定在凝聚相中，从而使 RPUF/MAPP 体系的残炭率提高以及 TSR 值下降。MAPP 能够有效促进基体成炭，并且 MAPP2 的成炭能力优于 MAPP1。

有效燃烧热（EHC）表示的是在某一时刻，所测得的热释放速率与质量损失速率之比，它反映了挥发性气体在气相火焰中的燃烧强度。RPUF/MAPP1（19.1MJ/kg）和 RPUF/MAPP2（17.2MJ/kg）的平均有效燃烧热（Av-EHC）都低于 RPUF/APP（21.8MJ/kg），这表明，MAPP1 和 MAPP2 都能够发挥一定的气相阻燃作用。另外，与 RPUF/MAPP1 相比，RPUF/MAPP2 具有更低的 Av-EHC，这说明 MAPP2 的气相阻燃效果比 MAPP1 更好。

锥形量热测试结果表明，当 MAPP 加入到 RPUF 后能够有效地降低体系的 HRR、THR、TSR 和 EHC，同时还能够促进基体成炭，使体系具有较高的成炭量。MAPP 通过在气相和凝聚相中发挥阻燃作用提高了 RPUF 的阻燃性能，并且 MAPP2 比 MAPP1 具有更优异的阻燃效果。

6.2.3.3　阻燃 RPUF 材料燃烧后的残炭分析

RPUF/APP 和 RPUF/MAPP 锥形量热测试后的残炭照片如图 6.20 所示。从图中可以看到 RPUF/APP 在燃烧过后只有少量残炭剩余，并且残炭呈现出不连续的"海岛"形貌。这说明 APP 在 RPUF 基材中的分散性和成炭能力都很差。相比之下，RPUF/MAPP 的残炭更完整、连续和致密，且具有明显的膨胀炭层结构形貌。另外，RPUF/MAPP2 的炭层膨胀高度高于RPUF/MAPP1，这可能是由于 MAPP2 在受热分解过程中短时间内集中释放 NH_3。

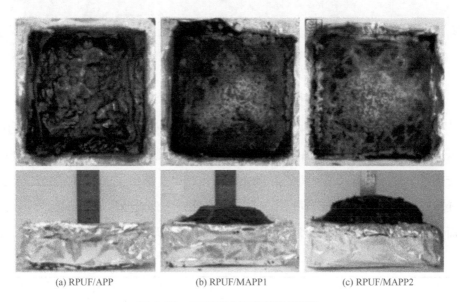

|(a) RPUF/APP|(b) RPUF/MAPP1|(c) RPUF/MAPP2|

图 6.20　RPUF/MAPP 的残炭照片

RPUF/APP 和 RPUF/MAPP 的残炭 SEM 照片如图 6.21 所示。从图 6.21(a) 中可以看到 RPUF/APP 残炭表面上存在许多开孔，这是由于在燃烧过程中释放了可燃性气体。残炭表面开孔的存在使得炭层的屏障保护能力被削弱，从而使 RPUF/APP 的燃烧强度变强，导致基体进一步燃烧。从图 6.21（b）和（c）中可以看到，与 RPUF/APP 相比，RPUF/MAPP1 和 RPUF/

MAPP2 的残炭都呈现出闭孔结构，这种结构有助于阻止可燃性气体的释放，抑制氧气和热量的交换，从而能够有效抑制基材进一步燃烧。对于 RPUF/MAPP2 而言，可以看到残炭表面上的闭孔被一层炭膜覆盖，并且炭膜较为完整和厚实，这种结构有助于在 RPUF/MAPP2 燃烧过程中发挥更好的屏障保护效应。相比之下，RPUF/MAPP1 的炭膜比 RPUF/MAPP2 的炭膜要稍薄一些。残炭的 SEM 照片结果表明：MAPP2 与 MAPP1 相比能够更好地促进 RPUF 基体在燃烧过程中形成完整且稳定的膨胀炭层。

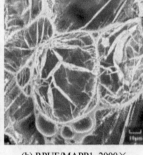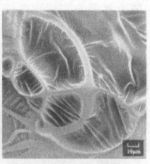

(a) RPUF/APP, 2000×   (b) RPUF/MAPP1, 2000×   (c) RPUF/MAPP2, 2000×

图 6.21　RPUF/APP 和 RPUF/MAPP 的残炭 SEM 照片

随后对阻燃 RPUF 的残炭的元素组成进行了分析，其结果如表 6.12 所示。从表中可以看到，RPUF/MAPP1 和 RPUF/MAPP2 外表面残炭中的硅元素都高于其内表面，这证明了在 RPUF 基体燃烧过程中 MAPP 中的硅元素会迁移或聚集到材料表面。同时，这还有利于在残炭外表面形成类陶瓷结构，从而可增强炭层的致密性。另外，值得注意的是 RPUF/MAPP2 的外表面硅元素

表 6.12　阻燃 RPUF 残炭的元素分析　　　　单位：%

样品		C	N	O	P	Si
外表面残炭	RPUF/APP	25.9	2.5	51.1	20.5	—
	RPUF/MAPP1	36.7	5.3	40.1	14.5	3.4
	RPUF/MAPP2	28.1	3.3	46.7	15.1	6.8
内表面残炭	RPUF/APP	23.4	3.3	52.1	21.3	—
	RPUF/MAPP1	55.3	5.8	26.3	10.6	1.9
	RPUF/MAPP2	57.0	5.2	25.5	10.8	1.3

含量明显高于 RPUF/MAPP1 的外表面硅元素含量。由此可以推断，RPUF/MAPP2 的炭层比 RPUF/MAPP1 的炭层更致密，这与残炭的 SEM 照片结果相一致。除此之外，RPUF/MAPP2 中的磷元素在其内外表面残炭中都被检测到，并且都高于 RPUF/MAPP1 的磷元素。这说明 MAPP2 中的磷元素大部分都被保留在了凝聚相中，而 MAPP1 中的大多以 PO· 和 PO_2· 自由基的形式进入到气相，所以导致 RPUF/MAPP1 残炭中磷元素的含量有所下降。

残炭的宏观和微观形貌结果表明将经过 PCOC 表面包覆后的 APP 加入到 RPUF 材料中后，在燃烧时有利于基体形成完整致密且具有闭孔结构的膨胀型炭层，这种炭层能够有效提高 RPUF 的阻燃性能，并且 MAPP2 的阻燃效果优于 MAPP1。

6.2.3.4 阻燃机理分析

根据上述的测试结果，总结出了 MAPP1 和 MAPP2 在 RPUF 中的阻燃机理（如图 6.22 所示）。MAPP1 和 MAPP2 通过同时在气相和凝聚相中发挥阻燃作用以提高 RPUF 的阻燃性能。

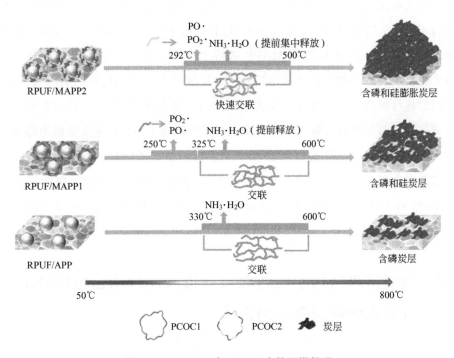

图 6.22　MAPP 在 RPUF 中的阻燃机理

在气相中，MAPP1 和 MAPP2 都能够在 RPUF/MAPP 体系燃烧时释放 PO · 和 PO$_2$ · 自由基以及提前释放 H$_2$O 和 NH$_3$，通过发挥自由基猝灭效应和气体稀释效应以达到气相阻燃。不同的是，MAPP1 主要通过自由基猝灭效应发挥气相阻燃作用，而 MAPP2 则主要是通过在短时间内集中释放 H$_2$O 和 NH$_3$，从而在气相中发挥气体稀释效应。

在凝聚相中，MAPP1 和 MAPP2 都能促进 RPUF 形成具有交联结构的膨胀炭层。与 MAPP1 相比，MAPP2 由于能够在短时间内集中释放 NH$_3$ 生成聚磷酸，有利于快速形成交联网状结构，并促进基体最终形成更加膨胀、更加致密的炭层，从而发挥更好的屏障阻隔作用。另外，MAPP1 和 MAPP2 中的硅元素可在残炭外表面形成类陶瓷结构，有利于增强炭层的致密性以及提高炭层在高温下的稳定性。

6.2.4 小结

以二氯化磷酸苯酯、苯膦酰二氯、DP400 和 KH-550 为原料合成出了两种含磷有机硅化合物 PCOC1 和 PCOC2，并通过核磁氢谱和红外光谱对其结构进行了表征，随后将其用于表面包覆 APP（MAPP1 和 MAPP2），并通过红外光谱和元素分析测试对两种 MAPP 进行了表征，测试结果表明成功合成了 PCOC 和 MAPP。热失重测试结果显示，经过 PCOC 表面包覆的 APP 在高温下的耐热性提高，并且具有更好的成炭能力。将 MAPP 应用于 RPUF 中，能显著降低材料的热释放速率峰值以及提高基体的残炭率，这主要是因为将含中间价态磷的 PCOC 用于表面包覆 APP 后，MAPP 能够同时在气相和凝聚相中发挥阻燃作用。其中 MAPP1 主要发挥自由基猝灭效应和屏障阻隔效应，而 MAPP2 则主要发挥气体稀释效应和屏障阻隔效应，且 MAPP2 的屏障阻隔效应优于 MAPP1。因此，与 MAPP1 相比，MAPP2 的阻燃效果更好。

6.3 聚醚链段结构不同的含磷有机硅化合物包覆聚磷酸铵及其阻燃硬质聚氨酯泡沫

在 6.2 节中发现了含磷有机硅化合物（PCOC）中含磷基团结构的变化对

于 RPUF 材料阻燃材料性能的影响，当用苯膦酰二氯、低分子量聚醚多元醇和硅烷偶联剂 KH-550 为原料制备出的 PCOC 表面包覆 APP 并将其应用于 RPUF 中后，包覆后的 APP 能够在气相和凝聚相中发挥阻燃作用，从而提高了 RPUF 的阻燃性能。本节介绍以苯膦酰二氯、低分子量聚醚多元醇、低分子量聚醚多元胺和硅烷偶联剂 KH-550 为原料设计两种含有不同聚醚链段的含磷有机硅化合物 PCOC 用于表面包覆 APP，以获得更高效的含磷有机硅表面处理剂及包覆 APP，论述 PCOC 中聚醚链段结构的变化对 RPUF 材料性能的影响。

6.3.1 聚醚链段结构不同的含磷有机硅化合物包覆聚磷酸铵及其硬质阻燃聚氨酯泡沫的制备

6.3.1.1 聚醚链段结构不同的含磷有机硅化合物的制备

把聚醚链段中含有羟基的有机硅化合物和聚醚链段中含有胺基的有机硅化合物分别标记为 PCOC-OH 和 PCOC-NH，PCOC-OH 即为 PCOC-400，其制备过程见 6.1.1.1。

在制备 PCOC-NH 的过程中，将低分子量聚醚多元醇替换为低分子量聚醚多元胺，并在冰浴条件下进行滴加。PCOC-NH 的制备方法与 PCOC-OH 的制备方法相似。两种 PCOC 的分子结构式如图 6.23 所示。

6.3.1.2 聚醚链段结构不同的含磷有机硅化合物表面包覆聚磷酸铵的制备

分别用含磷有机硅化合物 PCOC-OH 和 PCOC-NH 处理 APP 得到的产物为聚醚链段结构不同的含磷有机硅化合物表面包覆聚磷酸铵 MAPP-OH 和 MAPP-NH，其制备过程同 6.1.1.2。

6.3.1.3 聚氨酯泡沫的制备

纯 RPUF 的制备方法见 6.1.1.3。制备阻燃 RPFU 首先将 MAPP 按照发泡配方比例与聚醚多元醇和发泡剂混合均匀，后续过程与纯 RPUF 的制备过

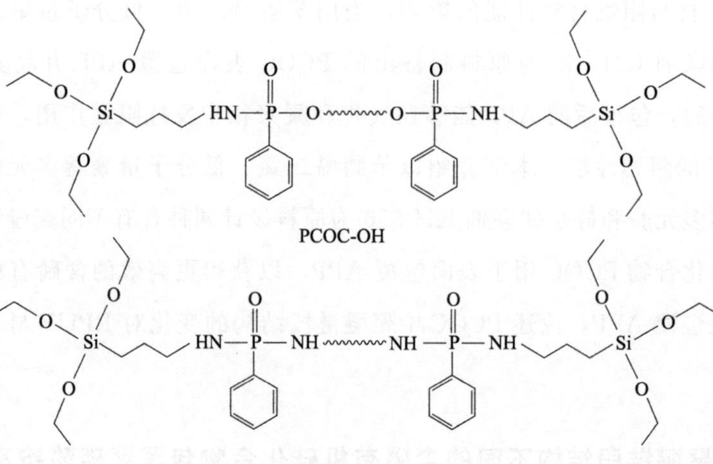

PCOC-OH

PCOC-NH

图 6.23　PCOC 的分子结构式

程相同。制备纯 RPUF 和阻燃 RPUF 的发泡配方如表 6.13 所示。

表 6.13　纯 RPUF 和阻燃 RPUF 的发泡配方　　　　　　　单位：g

样品	聚醚 多元醇	异氰酸酯	发泡剂	APP	MAPP-OH	MAPP-NH
纯 RPUF	100	100	2.5	0	0	0
RPUF/APP	100	100	2.5	40	0	0
RPUF/MAPP-OH	100	100	2.5	0	40	0
RPUF/MAPP-NH	100	100	2.5	0	0	40

6.3.2　聚醚链段结构不同的含磷有机硅化合物表面包覆聚磷酸铵的结构及性能表征

6.3.2.1　聚醚链段结构不同的含磷有机硅化合物的结构表征

PCOC-OH 核磁氢谱的表征结果如图 6-24（a）：0.56ppm（c，4H，—NHCH₂CH₂CH₂—Si），1.24ppm（a，18H，—OCH₂CH₃—），1.41ppm（d，4H，—NHCH₂CH₂CH₂—），2.00ppm（f，2H，—NH—），2.88ppm（e，4H，—NHCH₂CH₂CH₂—），3.72ppm（b，12H，—OCH₂CH₃—），7.28～7.41ppm (g,h,4H，2H，苯环中的 H)。PCOC-NH 核磁氢谱的表征结果如图 6.24(b)：0.57(c,4H，—NHCH$_2$CH$_2$CH$_2$—Si)，1.23(a,18H，—OCH$_2$CH$_3$—)，1.52 (d,4H，—NHCH$_2$CH$_2$CH$_2$—)，1.91 和 2.10(f,4H，—NH—)，3.10(e, 4H，—NHCH$_2$CH$_2$CH$_2$—)，3.71(b,12H，—OCH$_2$CH$_3$—)，7.29～7.41(g, h,4H,2H,2H，苯环中的 H)。

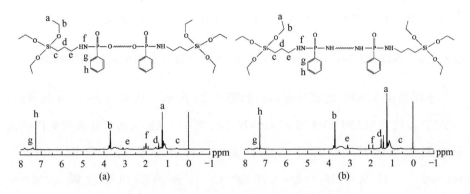

图 6.24　两种不同结构的 PCOC 的核磁氢谱

为了进一步证明 PCOC-OH 和 PCOC-NH 的结构，对其进行了红外分析。从图 6.25 中可以看到 PCOC-OH 和 PCOC-NH 的红外光谱图较为相似，主要吸收峰包括：N—H 的伸缩振动峰（3260～3210cm^{-1}）、苯环上═C—H 的伸

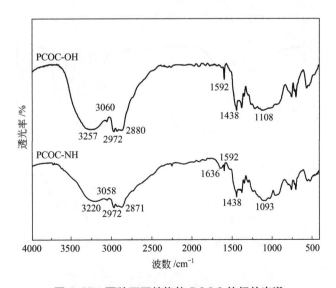

图 6.25　两种不同结构的 PCOC 的红外光谱

缩振动峰（3060～3050cm^{-1}）、—CH$_3$ 和—CH$_2$—的伸缩振动峰（2972cm^{-1}、2931cm^{-1}、2880cm^{-1} 和 2871cm^{-1}）、苯环上 C═C 的骨架伸缩振动峰（1636cm^{-1}、1592cm^{-1}和1438cm^{-1}）、P═O 的吸收峰（1239cm^{-1}）和 Si—O—C 的吸收峰（1100～1000cm^{-1}）。另外，PCOC-OH 和 PCOC-NH 在 601cm^{-1}和526cm^{-1}处 P—Cl 键的吸收峰消失，说明苯膦酰二氯和苯膦酰二氯上的 Cl 原子被完全取代，PCOC-OH 和 PCOC-NH 成功合成。

6.3.2.2　聚醚链段结构不同的含磷有机硅化合物包覆聚磷酸铵的结构表征

不同结构 MAPP 的红外光谱图如图 6.26 所示。从图 6.26 中可以看到，与 APP 相比，MAPP-OH 和 MAPP-NH 在 3000～2800cm^{-1}的波数范围内出现了新的吸收峰，分别来自苯环的 C—H 伸缩振动吸收峰（3060～3000cm^{-1}）以及—CH$_2$—和—CH$_3$ 的 C—H 伸缩振动吸收峰（3000～2850cm^{-1}）。除此之外，从图中还可以观察到 MAPP-OH 和 MAPP-NH 在 1150～1000cm^{-1}波数范围内的吸收峰变宽，这主要是由于 P—O 键和 Si—O—C 键的吸收峰重叠。通过红外光谱测试结果推断 APP 已成功被 PCOC 表面包覆。

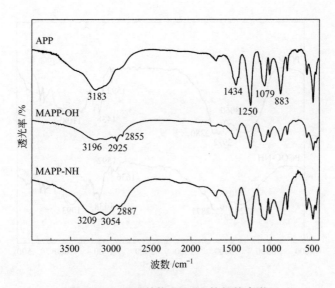

图 6.26　不同结构 MAPP 的红外光谱

随后还对 MAPP-OH 和 MAPP-NH 进行了 XPS 元素分析，以进一步验证 APP 已被 PCOC 表面包覆，测试结果如表 6.14 所示。从表中的数据可以看到与 APP 相比，在 MAPP-OH 和 MAPP-NH 中都检测到了硅元素。另外，在 APP 中检测到磷元素含量为 24.6%，相比之下，MAPP-OH 和 MAPP-NH 中的磷元素和氮元素都明显下降，这表明 APP 已成功被 PCOC 表面包覆。

表 6.14　APP 和 MAPP 的 XPS 测试数据　　　　　　　　单位：%

样品	C	N	O	P	Si
APP	19.8	14.3	41.3	24.6	—
MAPP-OH	56.4	2.3	29.9	7.2	4.2
MAPP-NH	50.3	5.7	28.8	10.7	4.5

6.3.2.3　聚醚链段结构不同的含磷有机硅化合物包覆聚磷酸铵的分散性测试结果分析

将 APP 和 MAPP 各取 6.4g 溶于 16g 聚醚多元醇中，然后机械搅拌 1min 后静置，并每隔 4h 拍照。MAPP 的分散性测试照片如图 6.27 所示。可以看到 APP 和 MAPP-OH 在 4h 后都出现了一定的沉降，但是 MAPP-OH 的沉降速度慢于 APP。值得注意的是，与 MAPP-OH 相比，MAPP-NH 仍较为均匀地分散在聚醚多元醇中。8h 后［图 6.27(c)］，APP 基本完全沉淀于瓶底，相比之下，MAPP-OH 和 MAPP-NH 还较好地分散在聚醚多元醇中，并且 MAPP-NH 的分散性更好。这说明通过表面包覆 PCOC 能够改善 APP 在聚醚

(a) 0h　　　　　　　　(b) 4h　　　　　　　　(c) 8h

图 6.27　MAPP 的分散性测试照片

多元醇中的分散性。因为 PCOC 中的聚醚链段与聚醚多元醇有良好的相容性和分散性。

6.3.2.4 聚醚链段结构不同的含磷有机硅化合物包覆聚磷酸铵的热失重测试 结果分析

APP 和 MAPP 在不同氛围下的 TGA 曲线如图 6.28 所示。从图 6.28(a) 中可以看到，在氮气氛围下 MAPP 显示出三阶分解，而 APP 为两阶分解。APP 的分解分别发生在 $300 \sim 520℃$ 和 $520 \sim 650℃$ 温度范围内，主要是分解释放 NH_3 和 H_2O，生成聚磷酸等。由表 6.15 的热失重测试数据可知，MAPP 的第一阶分解主要发生在 300℃ 前，并且 MAPP 的 $T_{d,5\%}$ 和 T_{max1} 与 APP 相比都向低温移动，这可能是由于 PCOC 在较低温度下会分解。MAPP 的第二阶分解主要发生在 $330 \sim 550℃$ 温度范围内，此阶段的分解与 APP 的第一阶分解相同，主要是 APP 的分解释放出 NH_3 和 H_2O。值得注意的是，MAPP-NH 的分解速度比 MAPP-OH 的慢。随着温度的升高，在 $550 \sim 750℃$ 温度范围内可以看到 MAPP-NH 的分解速度最慢。同时表 6.15 数据显示 MAPP-NH 的 T_{max3} 比 MAPP-OH 的高，这表明与 MAPP-OH 相比，在高温下 MAPP-NH 具有更好的耐热性。另外，热失重数据显示 MAPP-NH 和 MAPP-OH 的残炭率较为接近，但是都明显比 APP 的高。热失重测试结果说明在氮气氛围下经过 PCOC 表面包覆过的 APP 在高温下具有更好的热稳定性，并且成炭能力明显提高。另外，MAPP-NH 的热稳定性优于 MAPP-OH。

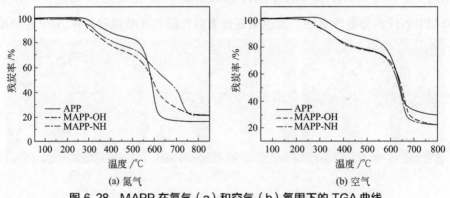

图 6.28　MAPP 在氮气（a）和空气（b）氛围下的 TGA 曲线

表 6.15　MAPP 在不同氛围下的热失重测试数据

样品		$T_{d,5\%}$ /℃	T_{max}/℃			800℃时的残炭率/%
			T_{max1}/℃	T_{max2}/℃	T_{max3}/℃	
氮气	APP	333.9	312.2	595.0	—	16.47
	MAPP-OH	283.9	283.4	411.8	600.6	21.87
	MAPP-NH	293.4	278.3	556.0	715.8	21.33
空气	APP	362.4	345.8	645.5	—	29.90
	MAPP-OH	285.5	270.6	659.0	—	22.69
	MAPP-NH	292.7	279.8	652.8	—	22.76

与氮气氛围下的分解过程不同的是，MAPP 在空气氛围下显示的是两阶分解过程。从图 6.28（b）中可以看到在整个分解过程中，MAPP-OH 和 MAPP-NH 的分解速度都快于 APP。在 600℃ 以前，MAPP-OH 和 MAPP-NH 的分解过程几乎完全相同。随着温度升高，MAPP-OH 在高温下比 MAPP-NH 显示出了更好的热稳定性。另外，MAPP-OH 在 800℃ 时的残炭率与 MAPP-NH 的残炭率较为相近。值得注意的是，在空气气氛下 MAPP-OH 和 MAPP-NH 的残炭率均低于 APP，从而推断在空气氛围下，MAPP 的分解产物可能与氧分子继续反应，从而导致 MAPP 的残炭率降低。

6.3.2.5　聚醚链段结构不同的含磷有机硅化合物及其包覆聚磷酸铵的裂解行为分析

为了探究 PCOC-OH 和 PCOC-NH 在气相中的裂解行为，对 PCOC-OH 和 PCOC-NH 进行了 TGA-GC/MS 测试分析，结果如图 6.29 所示。根据 PCOC-OH 和 PCOC-NH 的化学结构和 TGA-GC/MS 谱图，可以推测 PCOC-OH 和 PCOC-NH 首先先分解为苯基膦酰基碎片（$m/z = 124$），随后再进一步分解成 PO·自由基（$m/z = 47$）和苯环自由基（$m/z = 77$）。

PCOC-OH 和 PCOC-NH 在气相中的裂解路径如图 6.30 所示。PO·自由基的存在能够中断基体的自由基链式反应，在气相中发挥自由基猝灭效应，从而抑制火焰在气相中的燃烧。另外，还观察到了其他碎片，主要包括：聚醚链段（$m/z = 59, 73, 87$），苯的衍生物（$m/z = 51, 65, 77, 78$）和烃类（$m/z =$

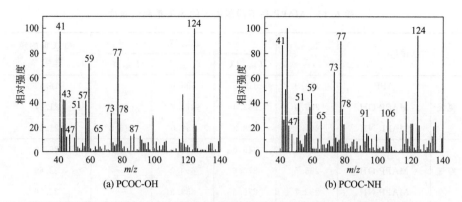

图 6.29 PCOC-OH（a）和 PCOC-NH（b）的 TGA-GC/MS 谱图

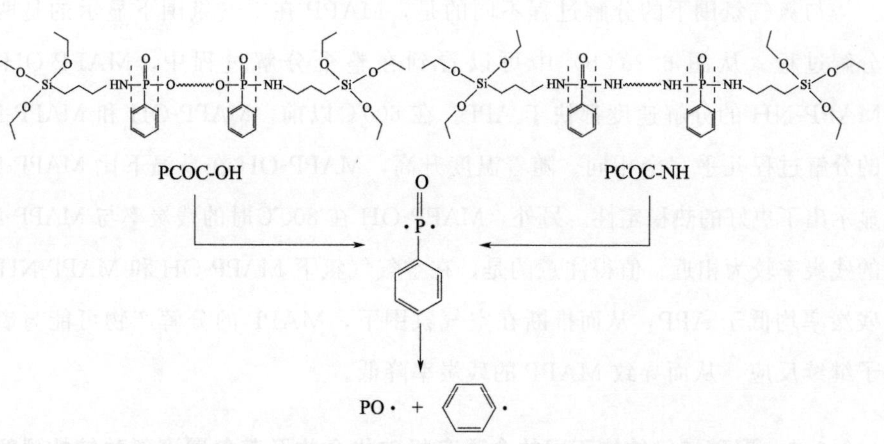

图 6.30 PCOC-OH 和 PCOC-NH 的裂解路径

41,43,57)。

通过 TG-FTIR 测试对 MAPP-OH 和 MAPP-NH 在氮气氛围下的气相裂解产物进行分析以探究 MAPP 的热解机理，结果如图 6.31 所示。

由图 6.31(a) 可以看到，在热解过程中观察到了 H_2O(3500~3700cm^{-1}) 和 NH_3（964cm^{-1} 和 930cm^{-1}）的吸收峰，这说明 APP 在气相中的产物主要为 H_2O 和 NH_3。当温度达到 330℃时，APP 开始释放 NH_3 并在 400℃达到最大值，随后逐渐减弱直到约 656℃消失。

而对于 MAPP-OH 而言，NH_3 的释放开始于 292℃，与 APP 的 NH_3 释放温度相比，下降了 38℃，这说明 MAPP-OH 的分解更早。随后 NH_3 的吸收峰的强度逐渐减弱直到约 656℃消失。MAPP-NH 分解释放 NH_3 的温度向

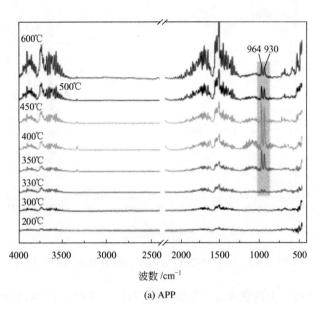

(a) APP

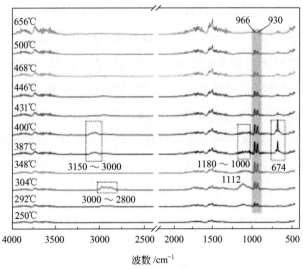

(b) MAPP-OH

图 6.31

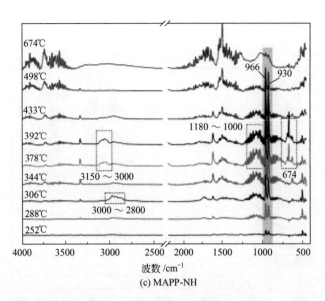

图 6.31　APP（a）、MAPP-OH（b）和 MAPP-NH（c）的 TG-FTIR 谱图

更低的方向移动，大约在 252℃ 开始释放 NH₃，并在 378℃ 时达到最大值，随后吸收峰峰强度逐渐减弱，直到约 656℃ 消失。这说明与 MAPP-OH 相比，MAPP-NH 释放 NH₃ 的时间更早，并且释放的时间更长。

对于 MAPP-OH，在 304～400℃ 温度范围内，1180～1000cm⁻¹ 处观察到 PO·自由基的吸收峰。相比之下，MAPP-NH 是在 288～397℃ 温度范围内观察到苯环和 PO·自由基的吸收峰，比 MAPP-OH 出现的更早。苯环和 PO·自由基是 PCOC 的裂解产物，这一结果已在 TGA-GC/MS 测试结果中证明。MAPP-NH 较早地释放苯环和 PO·自由基可能是由于 P—N 的键能低于 P—O。TG-FTIR 测试结果说明 MAPP-OH 和 MAPP-NH 都能够通过自由基猝灭效应在气相中发挥阻燃作用，并且 MAPP-NH 的阻燃效果更好。

另外，在 MAPP-OH 和 MAPP-NH 热解过程中，300℃ 左右观察到了 C—H（300～2800cm⁻¹）的吸收峰，这主要来自 PCOC 中聚醚链段的分解。这也表明了 PCOC-OH 和 PCOC-NH 中的聚醚链段会在较低温度下分解。

MAPP 的气相裂解产物分析结果揭示了 PCOC-OH 和 PCOC-NH 中的含磷基团能够在气相中发挥阻燃作用，而根据相关文献报道得知，APP 中的含磷基团也能在凝聚相中发挥阻燃作用。因此，由此推断 MAPP-OH 和 MAPP-NH

能够同时在气相和凝聚相中发挥阻燃作用。

6.3.3 聚醚链段结构不同的含磷有机硅化合物包覆的聚磷酸铵对硬质聚氨酯泡沫性能的影响

6.3.3.1 阻燃 RPUF 材料的阻燃性能测试结果分析

阻燃 RPUF 的 LOI 测试和水平燃烧测试结果如表 6.16 所示。可以看到经过 PCOC 表面包覆的 APP 应用 RPUF 后体系的 LOI 值有所降低。RPUF/MAPP-NH 的 LOI 值（24.2%）高于 RPUF/MAPP-OH 的 LOI 值（23.6%）。水平燃烧测试结果显示 RPUF/MAPP-OH 和 RPUF/MAPP-NH 都能够达到 HF-1 级别。这说明 MAPP 对于提高 RPUF 的 LOI 值的效果一般。

表 6.16　阻燃 RPUF 的 LOI 和水平燃烧测试结果

样品	LOI/%	水平燃烧
纯 RPUF	20.4	HBF
RPUF/APP	24.4	HF-1
RPUF/MAPP-OH	23.6	HF-1
RPUF/MAPP-NH	24.2	HF-1

阻燃 RPUF 的热释放速率（HRR）曲线和测试得到的相关数据分别如图 6.32 和表 6.17 所示。从图 6.32 中可以看到，RPUF/APP 在被点燃之后，体系便快速释放热量并出现了一个明显的 HRR 尖峰，RPUF/APP 的 PHRR 值为 $418kW/m^2$。相比于 APP，当 MAPP 加入到 RPUF 中后，MAPP 明显抑制了 RPUF/MAPP 在燃烧时的 HRR。与 RPUF/APP 相比，RPUF/MAPP-OH（$139kW/m^2$）和 RPUF/MAPP-NH（$123kW/m^2$）的 PHRR 分别下降了 66.7% 和 70.6%，这说明 MAPP-NH 在降低 RPUF 的燃烧强度方面效率更高。另外，由 HRR 曲线可以看到 RPUF/MAPP-OH 在燃烧后期又出现了一个较小的峰，这说明炭层表面发生破裂导致热量释放。但是 RPUF/MAPP-NH 在整个燃烧过程中只存在一个 HRR 峰，这也从侧面说明 RPUF/MAPP-NH 的炭层在燃烧中后期更为稳定，并且炭层质量更好。

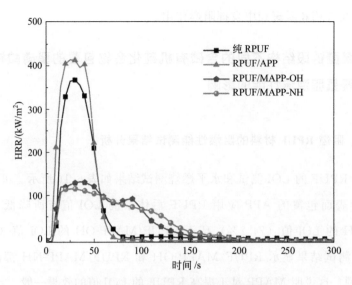

图 6.32　RPUF/MAPP 的 HRR 曲线

表 6.17　阻燃 RPUF 的锥形量热测试数据

样品	PHRR /(kW/m²)	THR /(MJ/m²)	Av-EHC /(MJ/kg)	TSR /(m²/m²)	Av-COY /(kg/kg)	Av-CO₂Y /(kg/kg)	残炭率 /%
纯 RPUF	371	18.0	24.1	706	0.33	3.24	7.25
RPUF/APP	418	18.8	21.8	957	0.20	2.88	24.6
RPUF/MAPP-OH	139	14.2	19.6	508	0.17	2.85	41.8
RPUF/MAPP-NH	123	14.5	17.7	492	0.15	2.67	39.4

　　从表 6.17 中可以看到，RPUF/MAPP-OH 和 RPUF/MAPP-NH 的总热释放量（THR）均低于 RPUF/APP，而 RPUF/MAPP-OH 和 RPUF/MAPP-NH 的 THR 值差异不大。这说明经过 PCOC-OH 或 PCOC-NH 表面包覆的 APP 与纯 APP 相比在 RPUF 燃烧过程中都能够更好地抑制热量的释放。

　　有效热燃烧（EHC）反映的是在材料燃烧过程中挥发性气体在气相中的燃烧程度。如表 6.17 所示，与 RPUF/APP 的 Av-EHC 值（21.8MJ/kg）相比，RPUF/MAPP-OH（19.6MJ/kg）和 RPUF/MAPP-NH（17.7MJ/kg）分别下降了 10.1% 和 18.8%，这表明表面包覆后的 MAPP 能够在气相中发挥火焰抑制效应，并且 MAPP-NH 的气相阻燃效果强于 MAPP-OH。这一结果与

6.3.2.5 中的结果相一致，这也是 RPUF/MAPP-NH 的 LOI 值高于 RPUF/MAPP-OH 的 LOI 值的原因。

火灾中的二次伤害，如毒气和烟气的吸入，是可能造成火灾中死亡的另一个主要原因。因此，总烟释放量（TSR）、平均一氧化碳产率（Av-COY）和二氧化碳产率（Av-CO$_2$Y）是评价材料的火灾二次伤害的重要参数。RPUF/MAPP-NH 的 TSR 值为 492m^2/m^2，低于 RPUF/MAPP-OH 的 508m^2/m^2，这揭示了 MAPP-NH 具有更好的抑烟能力。与 RPUF/MAPP-OH 相比，当 MAPP-NH 加到 RPUF 后，体系的 Av-COY 和 Av-CO$_2$Y 明显下降。RPUF/MAPP-NH 的 TSR、Av-COY 和 Av-CO$_2$Y 值的降低，说明 MAPP-NH 的加入有助于减少 RPUF 的火灾二次伤害。

另外，表 6.17 中显示 RPUF/MAPP-OH（41.8%）和 RPUF/MAPP-NH（39.4%）的残炭率都明显高于 RPUF/APP 的残炭率（24.6%），这说明经过表面包覆的 MAPP 的成炭能力优于 APP。

为了更好地比较 MAPP-OH 和 MAPP-NH 对 RPUF 的阻燃效果，对阻燃 RPUF 进行了定量分析。在锥形量热测试中，PHRR 值的大小表征了材料在燃烧时的最大热释放程度。根据 Schartel 理论，PHRR 值的降低主要由以下三部分所致：①气相中的火焰抑制效应；②凝聚相中的成炭效应；③炭层的屏障保护效应。这三种效应可以通过阻燃 RPUF 材料与纯 RPUF 相关数据的对比实现定量分析。相应计算如式（6.1）、式（6.2）和式（6.3）所示，计算结果如表 6.18 所示。

表 6.18　阻燃 RPUF 阻燃效应的定量分析结果　　　　　单位：g

样品	火焰抑制效应	成炭效应	屏障保护效应
RPUF/APP	9.5	18.7	−7.9
RPUF/MAPP-OH	18.7	37.3	52.5
RPUF/MAPP-NH	26.6	34.7	58.8

$$火焰抑制效应 = 1 - EHC_{FRRPUF}/EHC_{RPUF} \tag{6.1}$$

$$成炭效应 = 1 - TML_{FRRPUF}/TML_{RPUF} \tag{6.2}$$

$$屏障保护效应 = 1 - (PHRR_{FRRPUF}/PHRR_{RPUF})/(THR_{FRRPUF}/THR_{RPUF})$$

$$\tag{6.3}$$

从表 6.18 中可以看到，与 APP 相比，经过表面包覆的 MAPP 能够同时在气相和凝聚相中通过火焰抑制效应、成炭效应以及屏障保护效应发挥阻燃作用。可以看到 RPUF/MAPP-NH 的火焰抑制效应为 26.6%，明显高于 RPUF/MAPP-OH，这说明 MAPP-NH 在气相中发挥了更好的阻燃作用。另外，相比火焰抑制效应，MAPP-OH 则主要通过成炭效应使材料在燃烧时形成致密的膨胀炭层，从而能够在凝聚相中发挥屏障保护效应以实现阻燃效果。

锥形量热测试结果表明，当 MAPP 加入到 RPUF 中后，RPUF 的阻燃性能得到了显著提高。此外，与 MAPP-OH 相比，MAPP-NH 在降低 RPUF 的热释放速率和有效燃烧热方面表现更好，而 MAPP-OH 则是具有更好的成炭能力。

6.3.3.2 阻燃 RPUF 材料燃烧后的残炭分析

阻燃 RPUF 的残炭数码照片如图 6.33 所示。从图 6.33(a) 中可以看到 RPUF/APP 的残炭表面存在明显的裂缝。相比之下，RPUF/MAPP-OH ［图 6.33(b)］ 和 RPUF/MAPP-NH ［图 6.33(c)］ 的残炭更为完整和致密。并且值得注意的是与 RPUF/APP 的残炭相比，RPUF/MAPP-OH 和 RPUF/MAPP-NH 的残炭都更为膨胀，这说明经过表面包覆的 APP 能够促进基体形成完整、致密且膨胀的炭层。从图 6.33(b) 和图 6.33(c) 中可以看到 RPUF/

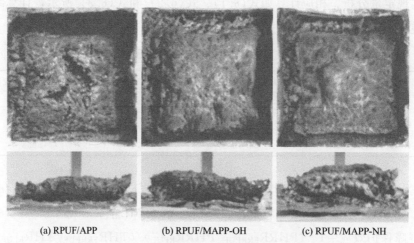

(a) RPUF/APP   (b) RPUF/MAPP-OH   (c) RPUF/MAPP-NH

图 6.33 阻燃 RPUR 的残炭数码照片

MAPP-NH 残炭的膨胀高度高于 RPUF/MAPP-OH，一方面是因为 MAPP-NH 在分解时持续释放不燃性气体，另一方面是因为 RPUF/MAPP-NH 的炭层在高温下具有更高的稳定性和强度，从而使炭层膨胀效果更好。残炭照片的结果说明经过 PCOC 表面包覆后的 APP 有助于促进基体成炭，并且 MAPP-NH 的成炭效果更好。

阻燃 RPUF 残炭的 SEM 照片如图 6.34 所示。由图 6.34(b1) 和图 6.34 (c1) 可以看到，RPUF/MAPP-OH 和 RPUF/MAPP-NH 的外表面残炭上存在一些白色颗粒，这可能是由于 PCOC-OH 和 PCOC-NH 中的硅元素在 RPUF 燃烧过程中迁移到了炭层表面，这有助于形成类陶瓷结构，从而在燃烧后期有效保护 RPUF 基材。从图 6.34(a2) 可以看到 RPUF/APP 内表面残炭中覆盖在泡孔上的炭膜较薄，并且存在破损。相比之下，RPUF/MAPP-OH 和 RPUF/MAPP-NH 内表面残炭中覆盖在泡孔上的炭膜更为厚实和完整，因而能够在 RPUF 燃烧过程中发挥更好的屏障阻隔效应。另外，值得注意的是 RPUF/MAPP-NH 的残炭更为致密，并且炭膜更为厚实，这说明 MAPP-NH 可以有效地抑制 RPUF 材料的燃烧，并且比 MAPP-OH 具有更好的阻燃效果。

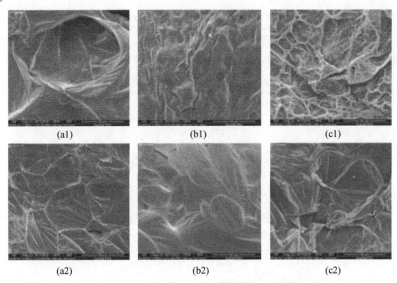

图 6.34 RPUF/MAPP 残炭的 SEM 照片

a—RPUF/APP，2000×；b—RPUF/MAPP-OH，2000×；c—RPUF/MAPP-NH，2000×

阻燃 RPUF 残炭的元素组成含量和元素分布分别如表 6.19 和图 6.35 所示。从表 6.18 中得知 RPUF/MAPP-OH 和 RPUF/MAPP-NH 的残炭中都含有磷元素，并且 RPUF/MAPP-OH 和 RPUF/MAPP-NH 的外表面残炭的磷元素含量都高于内表面残炭。这表明 MAPP 中部分含磷基团被保留在凝聚相中且主要保留在外表面。此外，与 RPUF/APP 相比，在 RPUF/MAPP-OH 和 RPUF/MAPP-NH 的残炭中有硅元素的存在，并且外表面残炭的硅元素含量高于内表面残炭。但是从图 6.35 中可以看到内表面残炭的硅元素分布比外表面残炭的硅元素分布更为均匀，这可能是由于 MAPP 中的一部分硅元素在 RPUF 燃烧时会迁移和聚集到残炭外表面，而内部的硅元素则不会重新聚集，因此分布较为均匀。硅元素的存在有助于在燃烧过程中提高 RPUF 炭层的热稳定性，同时也能够使炭层变得更为致密，从而使 MAPP 在凝聚相中发挥良好的阻燃效果。

表 6.19　阻燃 RPUF 残炭的元素组成含量　　　　　　　单位：%

	样品	C	N	O	P	Si
外表面残炭	RPUF/APP	42.82	14.09	37.61	5.48	0.00
	RPUF/MAPP-OH	41.35	13.55	37.08	7.16	0.86
	RPUF/MAPP-NH	43.72	14.33	33.53	7.78	0.64
内表面残炭	RPUF/APP	50.50	13.6	27.04	8.83	0.00
	RPUF/MAPP-OH	47.45	16.82	30.97	4.53	0.22
	RPUF/MAPP-NH	34.68	16.90	40.89	7.03	0.51

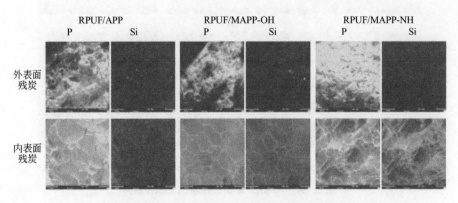

图 6.35　RPUF/MAPP 残炭的元素分布

6.3.3.3　阻燃机理分析

根据测试结果，分析并总结了 MAPP 在 RPUF 中的阻燃机理（图 6.36）。对于 MAPP 而言，PCOC-OH 和 PCOC-NH 中的磷元素在气相中发挥阻燃作用。而 APP 中的磷元素在凝聚相中发挥阻燃作用。另外，PCOC-OH 和 PCOC-NH 中的含硅基团能够提高基体炭层的稳定性，并且在凝聚相中发挥阻燃作用，因而 MAPP-OH 和 MAPP-NH 能够同时在气相和凝聚相中发挥阻燃作用。

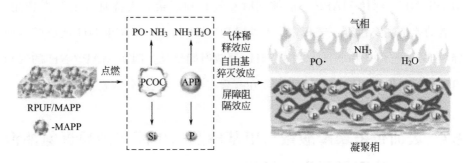

图 6.36　MAPP 在 RPUF 中的阻燃机理

在气相中，MAPP-NH 比 MAPP-OH 展现出了更好的阻燃效果，这是由于 MAPP-NH 在较低温度下便受热分解并释放 NH_3，并且释放时间较长。同时，在较低温度下还释放出 PO·自由基。这表明与 MAPP-OH 相比，MAPP-NH 能够在气相中更早的发挥气体稀释效应和自由基猝灭效应。

MAPP-OH 和 MAPP-NH 在凝聚相中的阻燃机理基本相同。MAPP-OH 和 MAPP-NH 的加入能够促进 RPUF 材料在燃烧时形成完整、致密且膨胀的炭层，从而发挥优异的屏障阻隔效应。另外，MAPP-OH 和 MAPP-NH 中的硅元素有助于提高 RPUF 的热稳定性和阻燃性能。

6.3.4　小结

以苯膦酰二氯、DP400、DK400 和 KH-550 为原料合成出了两种聚醚链段结构不同的含磷有机硅化合物 PCOC-OH 和 PCOC-NH，并通过核磁氢谱和红外光谱对其结构进行了表征，随后将其用于表面包覆 APP（MAPP-OH 和

MAPP-NH），并通过红外光谱和元素分析测试对两种 MAPP 进行了表征，测试结果表明 PCOC 和 MAPP 的结构与预期一致。热失重测试结果表明，无论是在氮气氛围下还是在空气氛围下，MAPP-OH 和 MAPP-NH 都会提前分解，且在高温下表现出更高的热稳定性。相比较而言，MAPP-OH 在氮气中的成炭量更高，而 MAPP-NH 在空气中具有更好的成炭能力。与 MAPP-OH 相比，MAPP-NH 能够显著降低 RPUF 体系的热释放速率峰值和平均有效燃烧热，并且能够使总烟释放量、一氧化碳和二氧化碳释放量维持在较低水平，并形成更加膨胀的炭层。但是 RPUF/MAPP-OH 的残炭率要高于 RPUF/MAPP-NH。两种 MAPP 都能够同时在气相和凝聚相发挥良好的阻燃作用。二者的差别主要在于：气相中，与 MAPP-OH 相比，MAPP-NH 能够较早地释放 PO·自由基和 NH_3，并且 NH_3 释放时间更长，因而 MAPP-NH 的气相阻燃效果更好；MAPP-OH 则主要在凝聚相中通过成炭效应发挥阻燃作用。

6.4 表面包覆聚磷酸铵与甲基磷酸二甲酯在硬质聚氨酯泡沫中的阻燃行为与机理

经过 PCOC 表面修饰的 MAPP，其分散性和阻燃效果都得到了明显改善。将 MAPP 应用于 RPUF 中，虽然 MAPP 可以同时在气相和凝聚相中发挥阻燃作用以提高 RPUF 的阻燃性能，但是 MAPP 的凝聚相阻燃作用要强于气相阻燃作用。此外，MAPP 主要在 RPUF 的燃烧后期发挥阻燃作用，因此不能够有效提高 RPUF 体系的 LOI 值。而 LOI 值是将 RPUF 材料商业化应用的重要参数之一。

因此，为了提高 RPUF 的 LOI 值，将 MAPP 与其他阻燃剂复配并应用于 RPUF 材料中，通过复配方式以加强阻燃剂在 RPUF 燃烧前期的气相阻燃效果。根据前期得到的结果和实际工艺过程的操作难易程度，选用含苯磷酰基团以及分子量为 400 的羟基聚醚链段的 PCOC 表面包覆 APP。另外，由于甲基膦酸二甲酯（DMMP）是一种液体型高效含磷阻燃剂，其分解温度较低，在燃烧早期就能够分解并释放出具有猝灭作用的 PO·和 PO_2·自由基，在气相中发挥阻燃作用，因此选用DMMP为另一组分阻燃剂。二者在RPUF的整个燃烧过程中发挥了双相协同阻燃作用，有效提高了体系的LOI值。

6.4.1 聚氨酯泡沫的制备

纯RPUF的制备方法见6.1.1.3。制备阻燃RPFU首先将MAPP和DMMP（或EMD）按照发泡配方比例与聚醚多元醇和发泡剂混合均匀，后续过程与纯RPUF的制备过程相同。制备纯RPUF和阻燃RPUF的发泡配方如表6.20所示。

表 6.20　纯 RPUF 和阻燃 RPUF 的发泡配方　　　　　　单位：g

样品	阻燃剂比例	聚醚多元醇	异氰酸酯	发泡剂	MAPP	EMD	DMMP
纯 RPUF	0	100	100	2.5	0	0	0
RPUF/20MAPP	20% MAPP	100	100	2.5	40	0	0
RPUF/10EMD/10MAPP	10%EMD/10%MAPP	100	100	2.5	20	20	0
RPUF/10DMMP/10MAPP	10%DMMP/10%MAPP	100	100	2.5	20	0	20
RPUF/8DMMP/12MAPP	8%DMMP/12%MAPP	100	100	2.5	24	0	16
RPUF/6DMMP/14MAPP	6%DMMP/14%MAPP	100	100	2.5	28	0	12

6.4.2 阻燃硬质聚氨酯泡沫材料的性能测试分析

6.4.2.1 阻燃 RPUF 材料的阻燃性能测试结果分析

纯RPUF和阻燃RPUF的极限氧指数（LOI）测试结果如表6.21所示。从表中可以看到，当MAPP加入到RPUF中后，RPUF复合材料的LOI值与纯RPUF的LOI值相比，从原来的20.4%提高到了24.3%。为了进一步提高RPUF复合材料的LOI值，EMD和DMMP分别与DMMP复配并应用于RPUF材料中。测试结果显示，RPUF/DMMP/MAPP体系的LOI值要高于RPUF/EMD/MAPP体系的LOI值，因此，后续将选用DMMP与MAPP复配用于阻燃 RPUF。表中可以明显看到，RPUF 复合材料的 LOI 值随着 DMMP 添加量的增加而增加。RPUF/10DMMP/10MAPP 的 LOI 值最高为 26.0%，与 RPUF/20MAPP 的 LOI 值相比提高了 1.7%。极限氧指数的测试结果说明 DMMP 的加入能够有效提高 RPUF 复合材料的 LOI 值。

表 6.21　纯 RPUF 和阻燃 RPUF 的极限氧指数测试结果

样品	LOI/%
纯 RPUF	20.4
RPUF/20MAPP	24.3
RPUF/10EMD/10MAPP	24.7
RPUF/10DMMP/10MAPP	26.0
RPUF/8DMMP/12MAPP	25.9
RPUF/6DMMP/10MAPP	25.8

　　锥形量热测试的相关数据如表 6.22 所示。RPUF 材料的热释放速率（HRR）、总热释放量（THR）、总烟释放量（TST）和质量损失曲线如图 6.37所示。

　　如图 6.37(a) 所示，在被点燃后，纯 RPUR 和 RPUF 复合材料的 HRR 都快速升高，随后到达最大燃烧强度。当 MAPP 加入到 RPUF 后，体系的热释放速率峰值（PHRR）由原来纯 RPUF 的 $281kW/m^2$ 下降至 $125kW/m^2$。MAPP 能够通过发挥屏障阻隔作用来降低材料的燃烧强度。而当 DMMP 加入到材料中后，RPUF/DMMP/MAPP 体系的 PHRR 略微有所上升，并且 PHRR 值随着 DMMP 添加量的增加而增加。这说明 MAPP 添加量的下降会导致 RPUF 材料 HRR 值的升高。当 DMMP 和 MAPP 的添加量分别为 6% 和 14% 时，RPUF/6DMMP/14MAPP 的 PHRR 值为 $138kW/m^2$，是 RPUF/DMMP/MAPP 体系中最低的。另外，值得注意的是，在加入 DMMP 后，RPUF/DMMP/MAPP 体系都出现了第二个热释放速率峰，并且峰值随着 DMMP 添加量的增加而增加，出现的时间随 DMMP 添加量的增加而提前。这说明随着 DMMP 添加量的增加，体系的屏障阻隔作用逐渐减弱。由此推测在材料燃烧过程中抑制 RPUF 燃烧强度的主要因素是 MAPP 而不是 DMMP。

表 6.22 纯 RPUF 和阻燃 RPUF 的锥形量热测试数据

样品	PHRR /(kW/m²)	THR /(MJ/m²)	TSR /(m²/m²)	残炭率 /%
纯 RPUF	281	13.6	610.6	2.0
RPUF/MAPP	125	9.0	374.7	47.2
RPUF/10%DMMP/10%MAPP	163	9.8	556.6	30.3
RPUF/8%DMMP/12%MAPP	163	9.6	449.5	38.1
RPUF/6%DMMP/14%MAPP	138	7.5	449.4	40.5

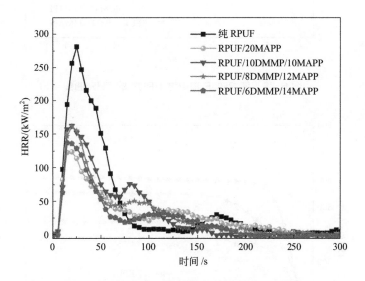

图 6.37 纯 RPUF 和阻燃 RPUF 的 HRR 曲线

从图 6.38 可以看到 RPUF/DMMP/MAPP 体系的 THR 随着 DMMP 添加量的增加而升高。RPUF/10DMMP/10MAPP 和 RPUF/8DMMP/12MAPP 的 THR 都高于 RPUF/20MAPP。但是当 DMMP 的添加量降低至 6% 时，RPUF/6DMMP/14MAPP 的 THR（7.5MJ/m²）低于 RPUF/20MAPP 的 THR（9.0MJ/m²）。这表明 14%MAPP 和 6%DMMP 能够发挥协同阻燃作用共同抑制材料热量的释放，与只单独添加 MAPP 相比，能发挥更好的火焰抑制效应。

图 6.39 的 TSR 曲线说明 MAPP 的加入能够有效抑制烟气的释放。当 DMMP 加入到 RPUF 中后，RPUF 材料的 TSR 值有所上升，但其仍比纯

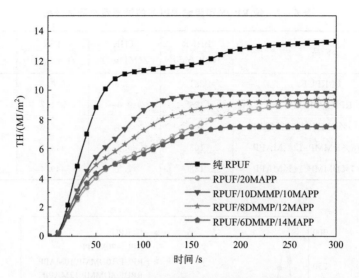

图 6.38 纯 RPUF 和阻燃 RPUF 的 THR 曲线

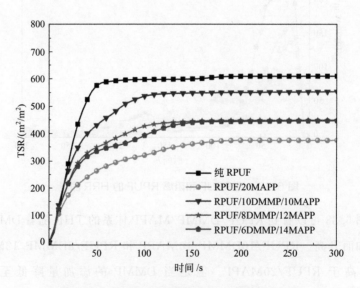

图 6.39 纯 RPUF 和阻燃 RPUF 的 TSR 曲线

RPUF 的 TSR 值低。RPUF/6DMMP/14MAPP 和 RPUF8DMMP/12MAPP 的 TSR 值相似，且都低于 RPUF/10DMMP/10MAPP。这可能是由于 DMMP 添加量的增加和 MAPP 添加量的下降，使部分 RPUF 的分解产物进入到气相中，这些碎片不能够被锁定在凝聚相中，从而使 RPUF/DMMP/MAPP 体系的 TSR 值升高，残炭率有所下降。

6.4.2.2　阻燃 RPUF 材料燃烧后的残炭分析

RPUF 复合材料锥形量热测试后的残炭照片如图 6.40 所示。从图 6.40 (a) 中可以看到 RPUF/20MAPP 的残炭较为完整且致密。当 DMMP 和 MAPP 复配加入到 RPUF 中后，RPUF/DMMP/MAPP 体系的残炭同样较为致密，并且其与 RPUF/MAPP 体系的残炭相比具有更高的膨胀高度。这可能是由于 DMMP 在燃烧过程中释放的气体补充了 MAPP 的气源，从而使 RPUF/DMMP/MAPP 体系的残炭在燃烧过程中变得更为膨胀。

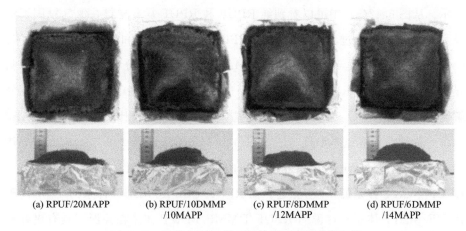

(a) RPUF/20MAPP　　(b) RPUF/10DMMP　　(c) RPUF/8DMMP　　(d) RPUF/6DMMP
　　　　　　　　　　　/10MAPP　　　　　　　/12MAPP　　　　　　/14MAPP

图 6.40　阻燃 RPUF 锥形量热测试后的残炭照片

图 6.41 是 RPUF 复合材料锥形量热测试后残炭的 SEM 照片。从图中可以看到，所有 RPUF 复合材料的残炭都非常完整。另外，与 RPUF/10DMMP/10MAPP 的残炭相比，RPUF/8DMMP/12MAPP 的残炭表面存在较多的闭孔，这可能是由于在燃烧过程中 DMMP 和 MAPP 的分解产物释放到气相中，从而使残炭的表

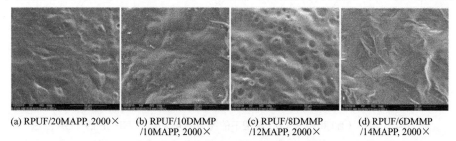

(a) RPUF/20MAPP, 2000×　(b) RPUF/10DMMP　(c) RPUF/8DMMP　(d) RPUF/6DMMP
　　　　　　　　　　　　　　/10MAPP, 2000×　/12MAPP, 2000×　/14MAPP, 2000×

图 6.41　阻燃 RPUF 的锥形量热仪残炭 SEM 照片

面存在一些孔洞。相比于 RPUF/10DMMP/10MAPP 和 RPUF/8DMMP/12MAPP 的残炭，RPUF/6DMMP/14MAPP 的残炭有更多褶皱，表现出一定的韧性，这说明 RPUF/6DMMP/14MAPP 残炭的强度比 RPUF/10DMMP/10MAPP 和 RPUF/8DMMP/12MAPP 的高，更难被气体冲破，从而能够在燃烧过程中发挥更好的屏障阻隔作用。

6.4.2.3 阻燃 RPUF 材料的热失重测试结果分析

纯 RPUF 和 RPUF 复合材料在氮气和空气氛围下的 TGA 曲线如图 6.42 所示。从图 6.42(a) 中可以看到纯 RPUF 和 RPUF 复合材料在氮气氛围下都显示的是两阶分解过程，这主要是 RPUF 材料的硬段和软段的分解。由表 6.23 中的数据可知，RPUF/DMMP/MAPP 体系的初始分解温度（$T_{d,5\%}$）明显低于纯 RPUF 和 RPUF/MAPP 体系的 $T_{d,5\%}$，这是由于 DMMP 在较低分解温度下分解为 PO·和 PO$_2$·自由基。与纯 RPUF 相比，RPUF/20MAPP 的第一阶最大分解速率温度（T_{max1}）由 334.9℃下降至 298.0℃。当 DMMP 加入到 RPUF/MAPP 体系中后，RPUF/DMMP/MAPP 体系的 T_{max1} 与 RPUF/MAPP 体系的 T_{max1} 相近。而 RPUF/DMMP/MAPP 体系的 T_{max2} 高于 RPUF/MAPP 体系，这说明 RPUF/DMMP/MAPP 体系在高温下具有更好的热稳定性。

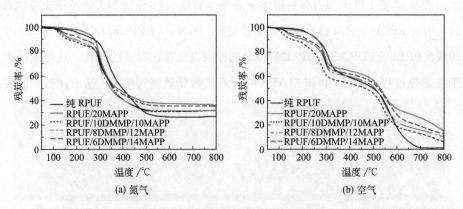

图 6.42 氮气（a）和空气（b）氛围下的纯 RPUF 和阻燃 RPUF 的 TGA 曲线

RPUF 复合材料在空气氛围下也显示两阶分解。在空气氛围下，RPUF 复

合材料的 $T_{d,5\%}$ 和 T_{max1} 的变化规律与在氮气氛围下存在很多相似之处。但是空气氛围下 RPUF 复合材料的 T_{max2} 明显不同于氮气氛围下，这可能是由于 RPUF 材料的软段结构在空气氛围能完全分解。软段中的分解产物（R·）会很快与空气分子反应生成过氧自由基（ROO·），随后过氧自由基可能会继续与 RPUF 的分子链发生反应，从而使 RPUF 完全分解。由表 6.23 中的数据可以看出，在空气氛围下，纯 RPUF 和 RPUF 复合材料的残炭率要低于在氮气氛围下的，这也可能是由于 RPUF 在空气氛围下能完全分解。另外，RPUF/DMMP/MAPP 体系的残炭率随着 DMMP 添加量的增加而下降，与 RPUF/10DMMP/10MAPP 和 RPUF/8DMMP/12MAPP 的残炭率相比，RPUF/6DMMP/14MAPP 的残炭率更高。

表 6.23　纯 RPUF 和阻燃 RPUF 在不同氛围下的热失重测试数据

	样品	$T_{d,5\%}/℃$	$T_{max}/℃$		800℃时残炭率/%
			$T_{max1}/℃$	$T_{max2}/℃$	
氮气	纯 RPUF	206.9	334.9	420.4	26.67
	RPUF/20MAPP	241.0	298.0	408.0	35.97
	RPUF/10DMMP/10MAPP	124.0	298.3	423.5	31.64
	RPUF/8DMMP/12MAPP	134.8	298.6	421.3	31.41
	RPUF/6DMMP/14MAPP	148.3	300.3	422.3	34.92
空气	纯 RPUF	223.9	308.9	570.9	1.32
	RPUF/20MAPP	222.5	293.3	540.0	16.00
	RPUF/10DMMP/10MAPP	113.3	281.1	540.8	6.74
	RPUF/8DMMP/12MAPP	136.1	294.6	546.6	10.97
	RPUF/6DMMP/14MAPP	146.7	289.4	557.7	13.33

6.4.2.4　阻燃 RPUF 材料的裂解产物分析

为了进一步探究 MAPP/DMMP 体系在 RPUF 中的阻燃机理，对 RPUF/20MAPP 和 RPUF/8DMMP/12MAPP 的气相裂解产物通过热重-红外测试进行了分析，其结果如图 6.43 所示。

从图 6.43(a) 可以看到，当 RPUF/20MAPP 被升温至 $100 \sim 200℃$ 时，在 $1160 \sim 1050 cm^{-1}$ 波数范围内出现了 C—O 的吸收峰。相关文献有报道，当温

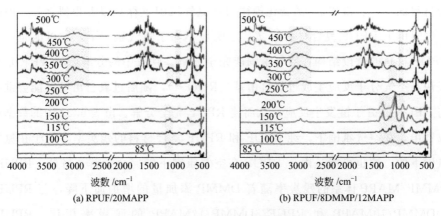

(a) RPUF/20MAPP　　　　　　　　(b) RPUF/8DMMP/12MAPP

**图 6.43　RPUF/20MAPP（a）和 RPUF/8DMMP/12MAPP（b）
的气相裂解产物红外分析谱图**

度到达 170～200℃时，RPUF 的氨基甲酸酯键会发生断裂，RPUF 受热分解为多元醇和异氰酸酯，因此在 100～200℃时观察到 C—O 的吸收峰[55]。随着温度升高，在 3000～2800cm⁻¹ 波数范围内观察到了一组吸收峰，这是由于 MAPP 中的 C—H 伸缩振动。此外，在 3150～3000cm⁻¹ 波数范围内也观察到了苯环骨架中的 C—H 伸缩振动峰，这来自 MAPP 的分解产物。

如图 6.43(b)，在 300～500℃温度范围内，RPUF/8DMMP/12MAPP 的气相裂解产物与 RPUF/20MAPP 相同。但是当温度低于 300℃时，他们的气相裂解产物有所不同。在 1274～900cm⁻¹ 波数范围内观察到了 P＝O 和 P—O 的吸收峰。DMMP 由于分解温度较低，使其在较低温度下会分解为一些小分子量碎片，如 PO· 和 PO₂· 自由基碎片。因此，P＝O 键和 P—O 键可能来自 DMMP 分解释放出的 PO· 和 PO₂· 自由基。

通过热重-红外的测试结果得知，对于 RPUF/8DMMP/12MAPP 而言，在早期的燃烧过程中，PO· 和 PO₂· 自由基的释放能够在气相中发挥自由基猝灭效应。随后 MAPP 在高温下受热分解释放 NH₃ 和 H₂O 以及 PO· 和 PO₂· 自由基。PO· 和 PO₂· 自由基在燃烧的中后期同样发挥猝灭效用，同时释放的 NH₃ 和 H₂O 发挥气体稀释效应。

阻燃 RPUF 的 TGA-GC-MS 曲线如图 6.44 所示。从图中可以看到，与 RPUF/20MAPP 相比，RPUF/8DMMP/12MAPP 的两条 TGA-GC-MS 曲线

在 7.7min 时都出现了一个明显的峰。这是由于 DMMP 在较低温度下分解，从而使 RPUF/8DMMP/12MAPP 复合材料在燃烧过程的前期释放出了 PO·（$m/z=47$）和 PO$_2$·（$m/z=63$）自由基。另外，从图中可以看到在 15min 以后，RPUF/20MAPP 和 RPUF/8DMMP/12MAPP 的 TGA-GC-MS 曲线都出现了两个峰，这是由于 MAPP 发生了分解。MAPP 在 RPUF 复合材料燃烧的中后期分解并释放出 PO·和 PO$_2$·自由基，这类含磷自由基能够在气相中发挥自由基猝灭效应，从而提高 RPUF 复合材料的阻燃性能。并且，在 RPUF 复合材料燃烧的早期过程中释放 PO·和 PO$_2$·自由基有助于提高 RPUF 材料的 LOI 值，这与 LOI 的测试结果相一致。

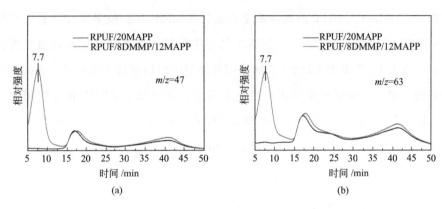

图 6.44　阻燃 RPUF 的 TGA-GC-MS 曲线

6.4.2.5　阻燃机理分析

根据测试结果，对 DMMP/MAPP 在 RPUF 中的阻燃机理进行了推测。RPUF/DMMP/MAPP 被点燃后，首先 DMMP 在较低温度下受热分解释放出 PO·和 PO$_2$·自由基，从而在 RPUF 燃烧的早期在气相中发挥自由基猝灭效应，并且能够有效提高 RPUF 材料的 LOI 值。随后 MAPP 在高温下受热分解释放 NH$_3$、H$_2$O 和含磷自由基（PO·和 PO$_2$·自由基），从而在 RPUF 燃烧的中后期在气相中发挥气体稀释效应和自由基猝灭效应。同时 DMMP/MAPP 通过共同促进基体形成更加膨胀且致密的炭层，在 RPUF 燃烧的中后期在凝聚相中发挥成炭效应和屏障阻隔效应。DMMP/MAPP 通过在 RPUF 的不同燃烧时期在气相和凝聚相中发挥协同阻燃作用，最终使 RPUF 材料的阻燃性能提高。

6.4.3　小结

将经过 PCOC-OH 表面修饰的 MAPP 与 DMMP 复配并应用于 RPUF 中，发现 RPUF/DMMP/MAPP 体系的 LOI 值与 RPUF/MAPP 体系的 LOI 值相比有所提高，并且 LOI 值随着 DMMP 添加量的增加而升高，当 DMMP 添加量为 10% 时，LOI 值能够达到 26.0%。此外，RPUF/DMMP/MAPP 体系也具有较低的热释放速率峰值和总热释放量。在 RPUF/DMMP/MAPP 的燃烧过程中，DMMP/MAPP 阻燃体系主要通过 DMMP 在燃烧早期在气相中发挥自由基猝灭效应，MAPP 在中后期在气相中发挥气体稀释效应和自由基猝灭效应，以及 DMMP 和 MAPP 共同作用在燃烧中后期促进基体形成致密的更加膨胀的炭层，在凝聚相中发挥屏障阻隔效应，从而赋予 RPUF 优异的阻燃性能。DMMP 的加入可以解决单独添加 MAPP 时 RPUF 基材 LOI 值较低的问题，有利于 RPUF 材料在商业领域的应用。

附录

本书所涉及的原材料相关信息如下所示。

(1) 聚醚多元醇：DSU-450L，羟值（450±10）mgKOH/g，黏度（25℃）6000～10000mPa·s，山东德信联邦化学工业有限公司。

(2) 催化剂：30％乙酸钾溶液（KAc）、五甲基二亚乙基三胺（Am-1）、N,N-二甲基环己胺（DMCHA），江苏溧阳市雨田化工有限公司。

(3) 发泡剂：HCFC-141b，浙江杭州富时特化工有限公司；蒸馏水，自制。

(4) 匀泡剂：AK-8803，江苏美思德化学股份有限公司。

(5) 多异氰酸酯：PAPI，44V20，NCO 质量分数 30％，含单体 MDI 52％，德国 Bayer。

(6) 可膨胀石墨（EG）：ADT 350，石家庄科鹏阻燃材料厂。

(7) 膦酸酯 DMMP：纯度 99％，北京东华力拓科技发展有限公司。

(8) 氢氧化铝（ATH）：济南泰星精细化工有限公司。

(9) 磷酸酯 EMD：浙江旭森非卤消烟阻燃剂有限公司。

(10) 季戊四醇磷酸酯（PEPA）：广州喜嘉化工有限公司。

(11) 膦酸酯 BH：磷含量为 13.65％，氮含量 6.20％，密度（25℃）为 1.16g/cm³，黏度（25℃）约为 170mPa·s，羟值为 480mg KOH/g，酸值为 6mg KOH/g，青岛联美化工有限公司。

(12) 九水硅酸钠：$Na_2SiO_3 \cdot 9H_2O$，国药集团化学试剂有限公司。

(13) 本书中所涉及的磷杂菲衍生物 TAD、TGD、TDBA，大部分为笔者所在实验室合成，部分由浙江旭森非卤消烟阻燃剂有限公司工业化生产。

(14) 苯基膦酰二氯，分析纯，98％，上海麦克林生化科技有限公司。

（15）低分子量聚醚多元醇 DP400，分析纯，分子量 400，国都化工有限公司。

（16）低分子量聚醚多元醇 P-10G，分析纯，分子量 1000，国都化工有限公司。

（17）低分子量聚醚多元醇 P-20G，分析纯，分子量 2000，国都化工有限公司。

（18）低分子量聚醚多元醇 DP4000，分析纯，分子量 4000，国都化工有限公司。

（19）硅烷偶联剂：KH550，分析纯，上海源叶生物科技有限公司。

（20）乙腈，分析纯，上海麦克林生化科技有限公司。

（21）三乙胺，分析纯，上海麦克林生化科技有限公司。

（22）乙醇（无水），分析纯，上海麦克林生化科技有限公司。

（23）聚磷酸铵 JLS-APP，工业品，杭州捷尔思阻燃化工有限公司。

（24）聚醚多元醇 ELASTOSPRAY 81305，工业品，羟值（320±10）mgKOH/g，德国 BASF 公司。

（25）异氰酸酯 44V20，工业品，含单体 MDI 52%，NCO 质量分数为 30%，科思创聚合物（中国）有限公司。

（26）二氯化磷酸苯酯，分析纯，98%，上海麦克林生化科技有限公司。

（27）1,4-二氧六环，分析纯，上海麦克林生化科技有限公司。

（28）低分子量聚醚多元胺 DK400，分析纯，分子量 400，亨斯迈先进化工材料有限公司。

（29）MAPP，实验室自制。